Archimède

De la sphère et du cylindre

Essai

 Le code de la propriété intellectuelle du 1er juillet 1992 interdit en effet expressément la photocopie à usage collectif sans autorisation des ayants droit. Or, cette pratique s'est généralisée dans les établissements d'enseignement supérieur, provoquant une baisse brutale des achats de livres et de revues, au point que la possibilité même pour les auteurs de créer des œuvres nouvelles et de les faire éditer correctement est aujourd'hui menacée. En application de la loi du 11 mars 1957, il est interdit de reproduire intégralement ou partiellement le présent ouvrage, sur quelque support que ce soit, sans autorisation de l'Éditeur ou du Centre Français d'Exploitation du Droit de Copie, 20, rue Grands Augustins, 75006 Paris.

ISBN : 978-1977744982

10 9 8 7 6 5 4 3 2 1

Archimède

De la sphère et du cylindre

Essai

Table de Matières

Livre Premier 6

Commentaire sur le Premier Livre 84

Livre Second 97

Commentaire sur le Second Livre 123

LIVRE PREMIER.

ARCHIMÈDE A DOSITHÉE, SALUT,

JE t'avais déjà envoyé, avec leurs démonstrations, les théorèmes que mes réflexions m'avaient fait découvrir ; le suivant était au nombre de ces théorèmes :

Tout segment compris entre une droite et la section du cône rectangle, est égal à quatre fois le tiers d'un triangle qui a la même base et la même hauteur que le segment (α).

J'ai terminé aujourd'hui les démonstrations de plusieurs théorèmes qui se sont présentés; et parmi ces théorèmes, on distingue ceux qui suivent.

La surface de la sphère est quadruple d'un de ses grands cercles.

La surface d'un segment sphérique est égale à un cercle ayant un rayon égal à la droite menée du sommet du segment à la circonférence du cercle qui est la base du segment.

Un cylindre qui a une base égale à un grand cercle de la sphère, et une hauteur égale au diamètre de cette même sphère, est égal à trois fois la moitié de la sphère.

La surface du cylindre est aussi égale à trois fois la moitié de la surface de la sphère.

Quoique ces propriétés existassent essentiellement dans les figures dont nous venons de parler, elles n'avoient point été remarquées par ceux qui ont cultivé la géométrie avant nous; cependant il sera facile de connaître la vérité de nos théorèmes, à ceux qui liront attentivement les démonstrations que nous en avons données (β). Il en a été de même de plusieurs choses qu'Eudoxe a considérées dans les solides, et qui ont été admises, comme les théorèmes suivant:

Une pyramide est le tiers d'un prisme qui a la même base et la même hauteur que la pyramide.

Un cône est le tiers d'un cylindre qui a la même base et la même hauteur que le cône.

Ces propriétés existaient essentiellement dans ces figures, et quoiqu'avant Eudoxe, il eût paru plusieurs géomètres qui n'étaient point à mépriser, cependant ces propriétés leur étaient inconnues, et ne furent découvertes par aucun d'eux.

Au reste, il sera permis, à ceux qui le pourront, d'examiner ce que je viens de dire. Il eût été à désirer que mes découvertes eussent été publiées du vivant de Conon ; car je pense qu'il était très capable d'en prendre connaissance et d'en porter un juste jugement. Quoi qu'il en soit, ayant pensé qu'il était bon de les faire connaître à ceux qui cultivent les mathématiques, jeté les envoie appuyées de leurs démonstrations : les personnes versées dans cette science pourront les examiner à loisir. Porte-toi bien.

On expose d'abord les propositions qui sont nécessaires pour démontrer les théorèmes dont on vient de parler.

AXIOMES ET DÉFINITIONS.

1. Il peut y avoir dans un plan, certaines lignes courbes terminées qui soient toutes du même côté des droites qui joignent leurs extrémités, ou qui du moins n'aient aucune de leurs parties de l'autre côté de ces mêmes droites (α).

2. Une ligne concave du même côté est celle dans laquelle, ayant pris deux points quelconques, les droites qui joignent ces points tombent tout entières du même côté de la ligne concave, ou bien quelques-unes tombent du même côté de la ligne concave, et quelques autres sur cette ligne, tandis qu'aucune de ces droites ne tombe de différents côtés (β).

3. Il peut y avoir également des surfaces terminées qui, ayant leurs extrémités dans un plan sans être dans ce plan, sont toutes placées du même côté du plan dans lequel elles ont leurs extrémités, ou qui du moins n'ont aucune de leurs parties de l'autre côté de ce même plan.

4. Une surface concave du même côté est celle dans laquelle, ayant pris deux points quelconques, les droites qui joignent ces points tombent du même côté de la surface concave, ou bien quelques-unes de ces droites tombent du même côté de la surface concave, et quelques autres dans cette surface, tandis qu'aucune de ces droites ne tombe de différents côtés.

5. J'appelle secteur solide une figure terminée par la sur face d'un cône qui coupe la sphère et qui a son sommet au centre, et par la

surface de la sphère qui est comprise dans le cône.

6. J'appelle rhombe solide, une figure solide composée de deux cônes qui ont la même base, et dont les sommets sont de différents côtés du plan dans lequel se trouve la base, de manière que les axes ne forment qu'une seule et même droite. Je prends pour principes les propositions suivantes.

PRINCIPES.

1. La ligne droite est la plus courte de toutes celles qui ont les mêmes extrémités (α).

2. Deux lignes qui sont dans un plan et qui ont les mêmes extrémités sont inégales, lorsqu'elles sont l'une et l'autre concaves du même côté et que l'une est comprise toute entière par l'autre, et par la droite qui a les mêmes extrémités que cette autre, ou bien lorsque l'une n'est comprise qu'en partie et que le reste est commun, la ligne comprise est la plus courte (β).

3. Pareillement lorsque des surfaces ont les mêmes limites dans un plan, la surface plane est la plus petite.

4. Deux surfaces qui ont les mêmes limites dans un plan sont inégales, lorsqu'elles sont l'une et l'autre concaves du même côté, et que l'une est comprise toute entière par l'autre et par le plan qui a les mêmes limites que cette autre ; ou bien lorsque l'une n'est comprise qu'en partie, et que le reste est commun; la surface comprise est la plus petite.

5. Etant données deux lignes inégales, ou deux surfaces inégales, ou bien deux solides inégaux, si l'excès de l'une de ces quantités sur l'autre est ajouté à lui-même un certain nombre de fois, cet excès ainsi ajouté à lui-même pourra sur passer l'une ou l'autre des quantités que l'on compare entre elles (γ).

Ces choses étant supposées, je procède ainsi qu'il suit.

PROPOSITION I.

Si un polygone est inscrit dans un cercle, il est évident que le contour du polygone inscrit est plus petit que la circonférence de ce cercle.

Car chaque côté du polygone est plus petit que l'arc de la

circonférence qu'il soutend (*Princ. 1*).

PROPOSITION II.

Si un polygone est circonscrit à un cercle, le contour du polygone circonscrit est plus grand que la circonférence de ce cercle.

Qu'un polygone soit circonscrit à un cercle : je dis que le contour de ce polygone est plus grand que la circonférence de ce cercle.

Car la somme des droites BΛ, AΛ est plus grande que l'arc BΛ ; parce que ces droites comprennent un arc qui a les mêmes extrémités que ces droites (*Princ. 2*).

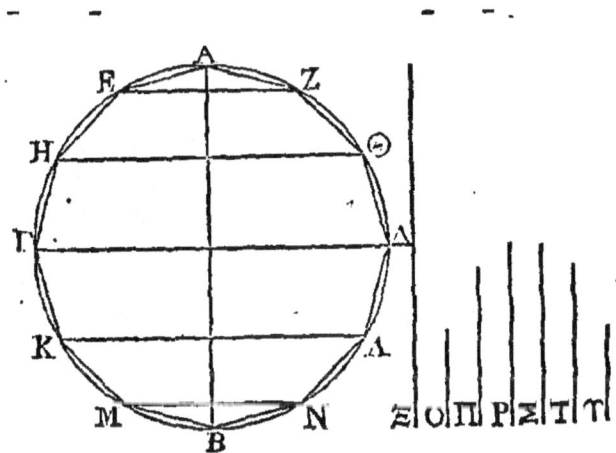

Semblablement la somme des droites ΔΓ, ΓB est plus grande que l'arc ΔB, la somme des droites ΛK, KΘ plus grande que l'arc ΛΘ; la somme des droites ZH, HΘ plus grande que l'arc ZΘ, et enfin la somme des droites ΔE, EZ plus grande que l'arc ΔZ. Donc le contour entier du polygone est plus grand que la circonférence.

PROPOSITION III.

Deux quantités inégales étant données, il est possible de trouver deux droites inégales dont la raison de la plus grande à la plus petite soit moindre que la raison de la plus grande quantité à la plus petite.

LIVRE PREMIER.

Soient deux quantités inégales AB, Δ; que AB soit la plus grande : je dis qu'il est possible de trouver deux droites inégales qui remplissent les conditions de ce qui est proposé.

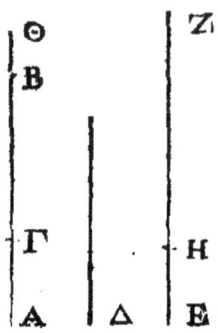

Que la droite BΓ soit égale à la droite Δ; et prenons une certaine droite ZH. Si la droite ΓA est ajoutée à elle-même un certain nombre de fois, cette droite ainsi ajoutée à elle-même surpassera la droite Δ (*Princ. 5*). Que cette droite soit ajoutée à elle-même, et que le multiple de cette droite soit égal à la droite AΘ ; et enfin que la droite ZH soit autant de fois multiple de la droite HE, que la droite AΘ l'est de la droite AΓ. La droite ΘA sera à la droite AΓ comme ZH est à HE ; et par inversion, la droite EH sera à la droite HZ comme AΓ est à AΘ. Mais la droite AΘ est plus grande que la droite Δ, c'est-à-dire que la droite ΓB ; donc la raison de la droite ΓA à la droite AΘ est moindre que la raison de la droite ΓA à la droite ΓB (α). Donc, par addition, la raison de la droite EZ à la droite ZH est moindre que la raison de AB à BΓ. Mais la droite BΓ est égale à la droite Δ ; donc la raison de EZ à ZH est moindre que la raison de AB à Δ. On a donc trouvé deux droites inégales qui remplissent les conditions de ce qui est proposé ; c'est-à-dire, qu'on a trouvé deux droites inégales dont la raison de la plus grande à la plus petite est moindre que la raison de la plus grande quantité donnée à la plus petite.

PROPOSITION IV.

Deux quantités inégales et un cercle étant donnés, il est possible d'inscrire un polygone dans ce cercle, et de lui en circonscrire un autre, de manière que la raison du côté du polygone circonscrit au côté du polygone inscrit soit moindre que la raison de la plus grande quantité à la plus petite.

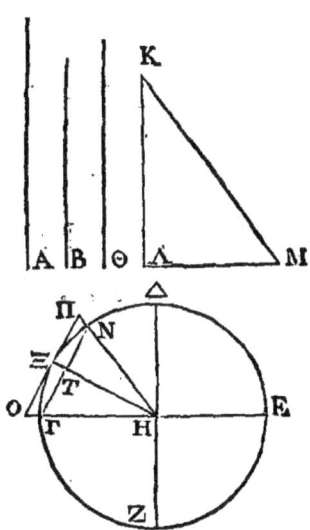

Soient donnés les quantités A, B, et le cercle ΓΔEZ : je dis qu'il est possible de faire ce qui est proposé.

Cherchons deux droites Θ, KΛ, de manière que Θ étant la plus grande, la raison de la droite Θ à la droite KΛ soit moindre que la raison de la plus grande quantité donnée à la plus petite (3). Du point Λ et sur la droite KΛ, élevons la perpendiculaire ΛM; et du point K menons la droite KM égale à la droite Θ ; ce qui peut se faire. Conduisons les deux diamètres ΓE, ΔZ perpendiculaires l'un sur l'autre. Si l'angle ΔHΓ est partagé en deux parties égales, sa moitié en deux parties égales, et ainsi de suite, il restera enfin un certain angle plus petit que le double de l'angle ΛKM. Qu'on ait cet angle et que cet angle soit NHΓ. Menons la corde NΓ. La droite NΓ sera le côté d'un polygone équilatère ; car puisque l'angle NHΓ mesure l'angle droit ΔHΓ, et que l'arc NΓ mesure le quart de la circonférence, l'arc NΓ mesurera la circonférence entière. Il est donc évident que la droite ΓN est le côté d'un polygone équilatère.

LIVRE PREMIER.

Partageons l'angle NHΓ en deux parties égales par la droite HX, que la droite OΞP touche le cercle au point Ξ ; et menons les droites HHΠ, HΓO, il est évident que la droite ΠO sera le côté d'un polygone circonscrit au cercle, équilatère et semblable au polygone inscrit dont le côté est NΓ. Puisque l'angle NHΓ est moindre que le double de l'angle ΛKM, et que l'angle NHΓ est double de l'angle THΓ, l'angle THΓ sera plus petit que l'angle ΛKM. Mais les angles placés aux points Λ, T sont droits; donc la raison de la droite MK à la droite ΛK est plus grande que la raison de la droite ΓH à la droite HT (α). Mais la droite ΓH est égale à la droite HΞ ; donc la raison de HΞ à HT, c'est-à-dire la raison de ΠO à NΓ est moindre que la raison de MK à KΛ. Mais la raison de KM à KΛ est moindre que la raison de A à B, et la droite ΠO est le côté du polygone circonscrit, tandis que la droite ΓN est le côté du polygone inscrit .... (β). Ce qu'il fallait trouver.

PROPOSITION V.

Deux quantités inégales et un secteur étant donnés, il est possible de circonscrire un polygone à ce secteur, et de lui en, inscrire un autre, de manière que la raison du côté du polygone circonscrit au côté du polygone inscrit soit moindre que la raison de la plus grande quantité à la plus petite.

Soient E, Z deux quantités inégales; que la quantité E soit la plus grande, que ABΓ soit un cercle quelconque ayant pour centre le point Δ ; au point Δ construisons le secteur AΔB. Il faut circonscrire un polygone au secteur ABΔ, et lui en inscrire un autre, de manière que celui-ci ayant tous ses côtés, excepté BΔ, ΔA, égaux, entre eux, les conditions de ce qui est proposé soient remplies.

Cherchons deux droites inégales H, ΘK, de manière que H étant la plus grande, la raison de H à ΘK soit moindre que la raison de la plus grande quantité à la plus petite; ce qui peut se faire (3). Ayant mené du point K sur la droite ΘK la perpendiculaire KA, conduisons une droite ΘA égale à la droite H ; ce qui peut se faire, puisque la droite H est plus grande que la droite ΘK. Si nous partageons l'angle AΔB en deux parties égales, sa moitié en deux parties égales, et ainsi de suite, il restera enfin un angle plus petit que le double de l'angle AΘK. Que l'angle restant soit AΔM ;

la droite AM sera le côté d'un polygone inscrit dans le secteur. Si l'angle AΔM est partagé en deux parties égales par la droite ΔN, et si par le point N on conduit la droite ΞNO tangente au secteur, cette droite sera le côté d'un polygone circonscrit au secteur et semblable au polygone inscrit; et par la même raison que dans la proposition précédente, la raison de ΞO à AM sera moindre que la raison de la quantité E à la quantité Z.

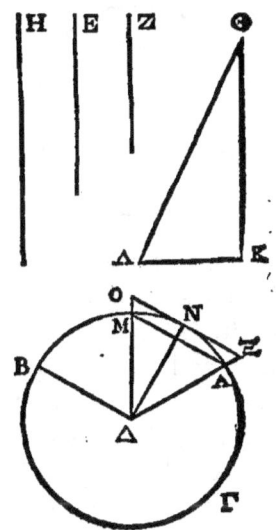

PROPOSITION VI.

Un cercle et deux quantités inégales étant donnés, circonscrire à ce cercle un polygone et lui en inscrire un autre, de manière que la raison du polygone circonscrit au polygone inscrit soit moindre que la raison de la plus grande quantité à la plus petite.

Soient le cercle A, et les deux quantités inégales E, Z ; que la plus grande soit E. Il faut circonscrire un polygone à ce cercle, et lui en inscrire un autre, de manière que les conditions de ce qui est proposé soient remplies.

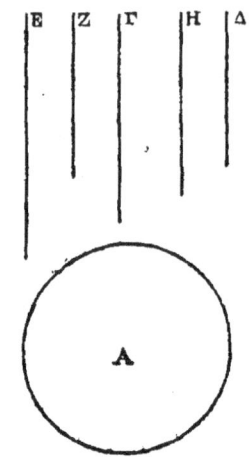

Je prends deux droites inégales Γ, Δ, de manière que Γ étant la plus grande, la raison de Γ à Δ soit moindre que la raison de E à Z (5). Prenons une droite H moyenne proportionnelle entre Γ et Δ ; la droite Γ sera plus grande que la droite H. Circonscrivons un polygone au cercle A, et inscrivons-lui un autre polygone, ainsi que nous l'avons enseigné (4), de manière que la raison du côté du polygone circonscrit au côté du polygone inscrit soit moindre que la raison de Γ à H. Il est évident que la raison doublée du côté du polygone circonscrit au côté du polygone inscrit sera moindre que la raison doublée de Γ à H. Mais la raison du polygone circonscrit au polygone inscrit est doublée de la raison du côté du premier au côté du second, à cause que ces polygones sont semblables; et la raison de la droite Γ à la droite Δ est doublée de la raison de Γ à H ; donc la raison du polygone circonscrit au polygone inscrit est moindre que la raison de Γ à Δ; donc la raison du polygone circonscrit au polygone inscrit est encore moindre que la raison de E à Z.

Nous démontrerons semblablement que deux quantités inégales et un secteur de cercle étant donnés, on peut circonscrire au secteur et lui inscrire un polygone, de manière que la raison du polygone circonscrit au polygone inscrit soit moindre que la raison de la plus grande quantité à la plus petite.

Si un cercle ou un secteur et une surface quelconque sont donnés, il est évident que si l'on inscrit à ce cercle ou à ce secteur et ensuite aux segments restants des polygones équilatères, il restera enfin des segments de cercles ou de secteurs qui seront moindres que la surface donnée. Ces choses sont démontrées dans les Éléments (α).

PROPOSITION VII.

Il faut démontrer qu'étant donnés un cercle, ou un secteur et une surface, on peut circonscrire à ce cercle ou à ce secteur un polygone, de manière que la somme des segments du polygone circonscrit soit moindre que la surface donnée. Il me sera permis de transporter au secteur ce que j'aurai dit du cercle.

Soient donnés le cercle A et une surface quelconque B : je dis qu'on peut circonscrire à ce cercle un polygone, de manière que la somme des segments placés entre ce cercle et ce polygone soit moindre que la surface B.

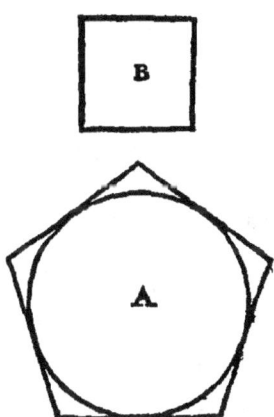

Puisqu'on a deux quantités inégales, dont la plus grande est composée de la surface B et du cercle A, et dont la plus petite est ce même cercle, on pourra circonscrire au cercle A un polygone et lui en inscrire un autre, de manière que la raison du polygone circonscrit au polygone inscrit soit moindre que la raison de la plus grande des quantités dont nous venons de parler à la plus petite ; et le polygone circonscrit sera tel que la somme des segments placés autour du cercle sera moindre que la surface donnée B.

En effet, puisque la raison du polygone circonscrit au polygone inscrit est moindre que la raison de la somme de la surface B et du cercle A à ce même cercle, et que le cercle est plus grand que le polygone inscrit, la raison du polygone circonscrit au cercle A sera encore moindre que la raison de la somme de la surface B et du cercle A à ce même cercle. Donc, par soustraction, la raison de la somme des segments restants du polygone circonscrit au cercle A est moindre que la raison de la surface B au cercle A. Donc la somme des segments du polygone circonscrit est moindre que la surface B (α). Cela peut se démontrer encore de la manière suivante.

Puisque la raison du polygone circonscrit au cercle A est moindre que la raison de la somme de la surface B et du cercle A à ce même cercle, il s'ensuit que le polygone circonscrit, est moindre que la somme de la surface B et du cercle A. Donc la somme des segments placés autour du cercle est moindre que la surface B. Nous ferons les mêmes raisonnements par rapport au secteur.

PROPOSITION VIII.

Si dans un cône droit on inscrit une pyramide ayant une base équilatère, la surface de cette pyramide, la base exceptée, est égale à un triangle ayant une base égale au contour de la base de la pyramide, et une hauteur égale à la perpendiculaire menée du sommet sur un des côtés de la base.

Soit le cône droit dont la base est le cercle ABΓ. Inscrivons-lui une pyramide ayant pour base le triangle équilatéral ABΓ. Je dis que la surface de cette pyramide, la base exceptée, est égale au triangle dont nous avons parlé.

Car puisque le cône est droit, et que la base de la pyramide est équilatère, les hauteurs des triangles qui comprennent la pyramide sont égales entre elles. Mais ces triangles ont pour base les droites AB, BΓ, ΓA, et pour hauteur la droite dont nous venons de parler ; donc la somme de ces triangles, c'est-à-dire la surface de la pyramide, le triangle. ABΓ excepté, est égale à un triangle ayant pour base une droite égale à la somme des droites AB, BΓ, ΓA, et pour hauteur, une droite égale à celle dont nous venons de parler.

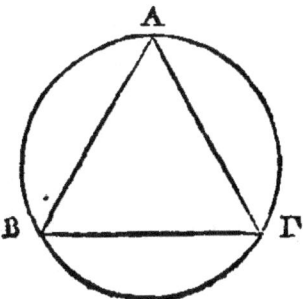

AUTRE DEMONSTRATION PLUS CLAIRE.

Soit le cône droit dont la base est le cercle ABΓ, et dont le sommet est le point Δ. Inscrivons dans ce cône une pyramide ayant pour base le triangle équilatéral ABΓ; et menons les droites ΔA, ΔΓ, ΔB.

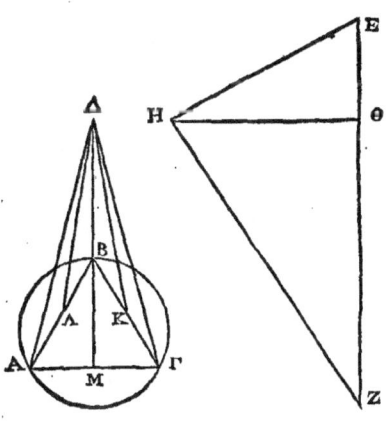

Je dis que la somme des triangles AΔB, AΔΓ, BΔΓ est égale à un triangle dont la base est égale au contour du triangle ABΓ, et dont la perpendiculaire menée du sommet sur la base est égale à la perpendiculaire menée du point A sur la droite BΓ.

Menons les perpendiculaires ΔK, ΔΛ, ΔM; ces droites seront

égales entre elles. Supposons un triangle EZH ayant une base égale au contour du triangle ABΓ, et une hauteur HΘ égale à la droite ΔΛ. Puisque la surface comprise sous les droites BΓ, ΔK est double du triangle ABΓ (α); que la surface comprise sous les droites AB, ΔΛ est double du triangle ABΔ, et que la surface comprise sous les droites AΓ, AM est double du triangle AΔΓ, la surface comprise sous le contour du triangle ABΓ, c'est-à-dire sous la droite EZ, et sous la droite ΔΛ, c'est-à-dire sous la droite HΘ, est double de la somme des triangles AΔB, BΔΓ, AΔΓ. Mais la surface comprise sous les droites EZ, HΘ est double du triangle EZH; donc le triangle EZH est égal de la somme des triangles AΔB, BΔΓ, AΔΓ.

PROPOSITION IX.

Si une pyramide est circonscrite à un cône droit, la surface de cette pyramide, la base exceptée, sera égale à un triangle ayant une base égale au contour de la base de la pyramide et une hauteur égale au côté du cône.

Soit un cône ayant pour base le cercle ABΓ. Circonscrivons à ce cône une pyramide, de manière que sa base, c'est-à-dire le polygone ΔEZ soit circonscrit au cercle ABΓ. Je dis que la surface de la pyramide, la base exceptée, est égale au triangle dont nous venons de parler.

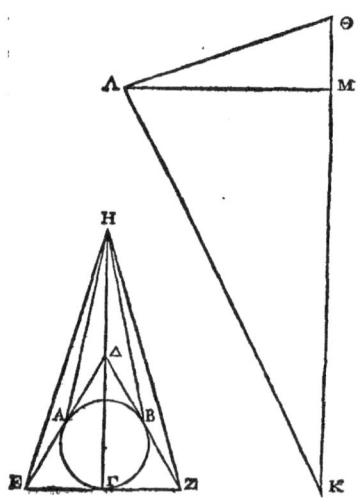

En effet, puisque l'axe du cône est perpendiculaire sur la base, c'est-à-dire sur le cercle ABΓ, et que les droites menées du centre aux points de contact sont perpendiculaires sur les tangentes, les droites menées du sommet du cône aux points de contact, seront perpendiculaires sur les droites ΔE, ZE, ZΔ. Donc les perpendiculaires HA, HB, HΓ dont nous venons de parler, sont égales entre elles; car ces perpendiculaires sont les côtés du cône. Supposons un triangle ΘKΛ, ayant une base ΘK égale au contour du triangle ΔEZ, et une hauteur ΛM égale à HA. Puisque la surface comprise sous les droites ΔE, AH est double du triangle EΔH ; que la surface comprise sous les droites ΔZ, HB est double du triangle ΔZH, et qu'enfin la surface comprise sous les droites EZ, ΓH est double du triangle EHZ; la surface comprise sous les droites ΘΘ, AH, c'est-à-dire MΛ, est double de la somme des triangles EΔH, ZΔH, EHZ. Mais la surface comprise sous ΘK, ΛM est double du triangle ΛKΘ; donc la surface de la pyramide, la base exceptée, est égale à un triangle ayant une base égale au contour du triangle ΔEZ, et une hauteur égale au côté du cône.

PROPOSITION X.

Si l'on mène une corde dans le cercle qui est la base d'un cône droit, et si l'on joint, par des droites, les extrémités de cette corde et le sommet du cône, le triangle terminé par cette corde et les droites qui joignent les extrémités de cette corde et le sommet du cône, sera plus petit que la surface du cône comprise entre les droites qui joignent les extrémités de cette corde et le sommet du cône.

Que le cercle ABΓ soit la base d'un cône droit, dont le point Δ est le sommet Menons la corde AΓ, et joignons les points A, Γ avec le point Δ par les droites AΔ, ΔΓ. Je dis que le triangle AΔΓ est plus petit que la surface du cône comprise entre les droites AΔ, ΔΓ.

Partageons l'arc ABΓ en deux parties égales au point B, et menons les droites AB, ΓB, ΔB. La somme des triangles ABΔ, BΓΔ sera certainement plus grande que le triangle AΔΓ. Que la surface Θ soit l'excès de la somme des deux premiers triangles sur le triangle AΔΓ. La surface Θ sera ou plus petite que la somme des segments AB, BΓ, ou elle n'est pas plus petite. Supposons d'abord qu'elle ne soit pas plus petite. Puisque l'on a deux surfaces, dont l'une est celle du cône comprise entre AΔ, ΔB, avec le segment AEB, et dont l'autre est le triangle AΔB, et que ces deux surfaces ont pour limite le contour du triangle AΔB, la première qui comprend la seconde sera plus grande que la seconde qui est comprise par la première. (*Princ. 4.*) Donc la surface du cône comprise entre AΔ, ΔB, avec le segment AEB, est plus grande que le triangle ABΔ. Semblablement la surface du cône comprise entre BΔ, ΔΓ, avec le segment ΓZB, est plus grande que le triangle BΔΓ. Donc la surface totale du cône comprise entre AΔ, ΔΓ, avec la surface Θ est plus grande que la somme des triangles dont nous venons de parler, Mais la somme des triangles dont nous venons de parler, est égale au triangle AΔΓ réuni à la surface Θ ; donc si l'on retranche la surface commune Θ, la surface restante du cône qui est comprise entre AΔ, ΔΓ, sera plus grande que le triangle AΔΓ.

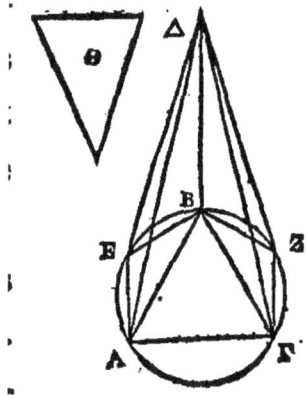

Que la surface Θ soit moindre que la somme des segments AB, BΓ. Si l'on partage les arcs AB, BΓ en deux parties égales, et leurs moitiés en deux parties égales, et ainsi de suite, il restera enfin des segments dont la somme sera moindre que la surface Θ. Que les segments restants soient ceux qui sont appuyés sur les droites AE, EB, BZ, ZΓ ; et menons les droites ΔE, ΔZ. Par la même raison, la surface du cône comprise entre AΔ, ΔE, avec le segment appuyé sur ΔE, sera plus grande que le triangle AΔE ; et la surface comprise entre EΔ, ΔB, avec le segment appuyé sur EB, est aussi plus grande que le triangle EΔB. Donc la surface du cône comprise entre

AΔ, ΔB, avec les segments AE, EB, est plus grande que la somme des triangles AΔE, EBΔ ; et puisque la somme des triangles AEΔ, ΔEB est plus grande que le triangle ABΔ, ce qui est démontré, la surface du cône comprise entre AΔ, ΔB, avec les segments appuyés sur AE, EB sera encore plus grande que le triangle AΔB. Par la même raison, la surface comprise entre BΔ, ΔΓ, avec les segments appuyés sur BZ, ZΓ, sera plus grande que le triangle BΔΓ. Donc la surface totale comprise entre AΔ, ΔΓ, avec les segments dont nous venons de parler, est plus grande que la somme des triangles ABΔ, ΔBΓ. Mais la somme de ces triangles est égale au triangle AΔΓ réuni à la surface Θ, et les segments dont nous venons de parler sont moindres que la surface Θ ; donc la surface restante comprise entre AΔ, ΔΓ est plus grande que le triangle AΔΓ.

PROPOSITION XI.

Si l'on mène des tangentes au cercle qui est la base d'un cône droit; si ces tangentes sont dans le même plan que ce cercle et se rencontrent mutuellement; et si, des points de contact et du point où ces droites se rencontrent, on mène des droites au ' sommet du cône, la somme des triangles terminé par ces tangentes et par les droites qui joignent leurs extrémités et le sommet du cône, sera plus grande que la surface du cône comprise entre les droites qui joignent les points de contact et le sommet du cône.

Soit un cône ayant pour base le cercle ABΓ, et pour sommet le point E: menons les droites AΔ, ΔΓ, tangentes au cercle ABΓ; que ces tangentes soient dans le même plan que ce cercle, et du point E, qui est le sommet du cône, menons aux points A, Δ, Γ les droites EA, EΔ, EΓ. Je dis que la somme des triangles AΔE, ΔEΓ est plus grande que la surface du cône comprise entre les droites AE, ΓE et l'arc ABΓ.

Menons une droite HBZ tangente au cercle et parallèle à la droite AΓ. L'arc ABΓ sera certainement partagé en deux parties égales au point B. Des points H, Z, menons au point E les droites HE, ZE. Puisque la somme des droites HΔ, ΔZ est plus grande que la droite HZ, si l'on ajoute de part ou d'autre les droites HA, ZΓ, la somme des droites AΔ, ΔΓ sera plus grande que la somme des droites AH, HZ, ZΓ. Mais les droites AE, EB, EΓ, qui sont les côtés d'un cône droit, sont égales entre elles et ces droites sont perpendiculaires sur les tangentes du cercle ABΓ, ainsi que cela est démontré dans un lemme; donc la somme des surfaces comprises sous ces perpendiculaires et sous les bases des triangles AEΔ, ΔEΓ, est plus grande que la somme des surfaces comprises sous ces mêmes perpendiculaires et sous les bases des triangles AHE, HEZ, ZEΓ; parce que la somme des bases AH, HZ, ZΓ est plus petite que la somme des bases ΓΔ, ΔA, tandis que les hauteurs sont égales, puisqu'il est évident que la droite menée du sommet du cône droit au point de contact de la base est perpendiculaire sur la tangente. Que la surface Θ soit l'excès de la somme des triangles AEΔ, ΔΓE sur la somme des triangles AHE, HEZ, ZEΓ. La surface Θ sera ou plus petite que la somme des segments AHB, BZΓ placés autour de l'arc ABΓ, ou cette surface ne sera pas plus petite.

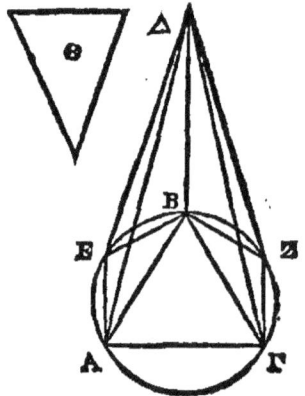

Supposons d'abord que la surface Θ ne soit pas plus petite. Puisque l'on a deux surfaces composées, dont l'une est la surface de la pyramide, qui a pour base le trapèze HAΓZ et pour sommet le point E, et dont l'autre est la surface du cône comprise entre AE, EΓ avec le segment ABΓ, et que ces deux surfaces ont pour limite le contour du triangle AEΓ ; il est évident que la surface de la pyramide, le triangle AEΓ excepté, est plus grande que la surface du cône comprise entre AE, EΓ, réunie au segment, ABΓ. (*Princ.4*). Donc si l'on retranche le segment commun ABΓ, la somme des triangles AHE, HEZ, ZEΓ restants, avec la somme des- segments AHB, BZΓ placés autour du cercle, sera plus glande que la surface du cône comprise entre les droites AE, EΓ. Mais la surface Θ n'est pas plus petite que la somme des segments AHB, BZΓ placés autour du cercle; donc la somme des triangles AHE, HEZ, ZEΓ, avec la surface Θ, est plus grande que la surface du cône comprise entre AE, EΓ. Mais la somme des triangles AHE, HEZ, ZEΓ, avec la surface Θ, est égale à la somme des triangles AEΔ, ΔEΓ ; donc la somme des triangles AEΔ, ΔEΓ est plus grande que la surface du cône dont nous venons de parler.

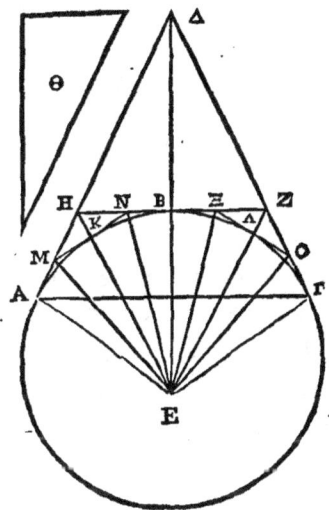

Supposons en second lieu que la surface Θ soit plus petite que la somme des segments placés autour du cercle. Si l'on circonscrit continuellement des polygones aux segments, en partageant les arcs en deux parties égales, et en menant des tangentes, il restera enfin certains segments dont la somme sera plus petite que la surface Θ. Que les segments restants soient AMK, KNB, BΞΛ, AOΓ, et que la somme de ces segments soit plus petite que la surface Θ. Menons des droites au point E. Il est encore évident que la somme des triangles AHE, HEZ, ZEΓ sera plus grande que la somme des triangles AEM, MEN, NEΞ, ΞEO, OEΓ; car la somme des bases des premiers triangles est plus grande que la somme des bases des seconds, et que les hauteurs sont égales de part et d'autre. Mais la surface de la pyramide qui a pour base le polygone AMNΞOΓ, et pour sommet le point E, le triangle AEΓ excepté, est plus grande que la surface du cône comprise entre AE, EΓ, réunie au segment ABΓ; donc si on retranche de part et d'autre le segment ABΓ, la somme des triangles restants AEM, MEN, NEΞ, ΞEO, OEΓ, avec les segments restants AMK, KNB, BΞΛ, AOΓ, placés autour du cercle, sera plus grande que la surface du cône comprise entre AE, EΓ. Mais la surface & est plus grande que la somme des segments restants dont nous venons de parler et qui sont placés autour du cercle : et l'on a démontré que la somme des triangles AHE, HEZ, ZEΓ est plus grande que la somme des triangles AEM, MEN, NEΞ, ΞEO, OEΓ ; donc à plus forte raison la somme des triangles AHE, HEZ, ZEΓ avec la surface Θ, c'est-à-dire, la somme des triangles AΔE, ΔEΓ est plus grande que la surface du cône comprise entre AE, EΓ.

PROPOSITION XII.

La surface d'un cylindre droit, comprise entre deux droites placées dans sa surface, est plus grande que le parallélogramme terminé par ces deux droites et par celles qui joignent leurs extrémités.

Soit le cylindre droit dont une des bases est le cercle AB, et dont la base opposée est le cercle ΓΔ. Menons les droites AΓ, BΔ.

Je dis que la surface du cylindre comprise entre les droites AΓ, BΔ est plus grande que le parallélogramme AΓΔB.

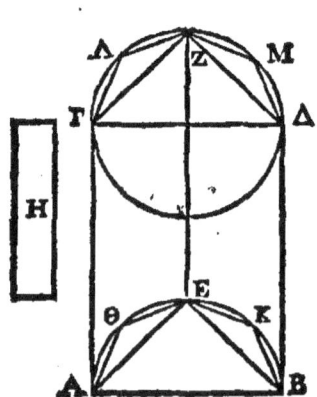

Partageons les arcs AB, ΓΔ en deux parties égales aux points E, Z ; et menons les droites AE, EB, ΓZ, ZΔ. Puisque la somme des droites AE, EB est plus grande que la droite AB, et que les parallélogrammes construits sur ces droites ont la même hauteur, la somme des parallélogrammes dont les bases sont les droites AE, EB sera plus grande que le parallélogramme ABΔΓ ; car leur hauteur est la même que celle du cylindre. Que l'excès de la somme des parallélogrammes dont les bases sont AE, EB sur le parallélogramme ABΔΓ soit la surface H. La surface H sera ou plus petite que la somme des segments plans AE, EB, ΓZ, ZΔ, ou elle ne sera pas plus petite. Supposons d'abord qu'elle ne soit pas plus petite. Puisque la surface du cylindre qui est comprise entre les droites AΓ, BΔ, avec les segments AEB, ΓZΔ, a pour limite le plan du parallélogramme ABΔΓ ; que la surface qui est composée des parallélogrammes dont les bases sont AE, EB et dont la hauteur est la même que celle du cylindre, avec les triangles AEB, ΓZΔ, a aussi pour limite le plan du parallélogramme ABΔΓ; que l'une de ces surfaces comprend l'autre, et que ces deux surfaces sont concaves du. même côté, la surface cylindrique comprise entre les droites AΓ, BΔ, avec les segments plans AEB, ΓZΔ, sera plus grande que la surface qui est composée non seulement des parallélogrammes dont les bases sont AE, EB, et dont la hauteur est la même que celle du cylindre, mais encore des triangles AEB, ΓZΔ. (*Princ. 4.*) Donc si l'on retranche les triangles AEB, ΓZΔ, la surface cylindrique restante qui est comprise entre les droites AΓ, BΔ, avec les segments plans AE, EB, ΓZ, ZΔ, sera plus grande que la surface composée des parallélogrammes dont les bases sont les droites AE, EB, et dont la hauteur est la même que celle du cylindre. Mais la somme des parallélogrammes dont les bases sont AE, EB, et dont la hauteur est la même que celle du cylindre, est égale au parallélogramme AΓΔB réuni à la surface H ; donc la surface cylindrique restante qui est comprise entre les droites AΓ, BΔ est plus grande que le parallélogramme AΓΔB.

LIVRE PREMIER.

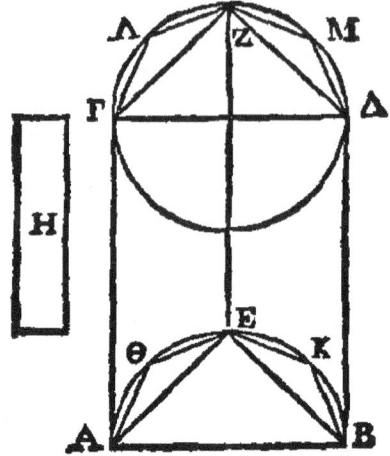

Supposons en second lieu que la surface H soit plus petite que la somme des segments plans AE, EB, ΓZ, ZΔ. Si l'on partage en deux parties égales chacun des arcs AE, EB, ΓZ, ZΔ, aux points Θ, K, Λ, M ; si l'on mène les droites AΘ, ΘE, EK, KB, ΓA, ΛZ, ZM, MΔ ; si l'on retranche les triangles AΘE, EKB, ΓΔZ, ZMΔ, dont la somme n'est pas plus petite que la moitié de la somme des segments plans AE, EB, ΓZ, ZΔ, et si l'on continue de faire la même chose, il restera enfin certains segments dont la somme sera moindre que la surface H. Que les segments restants soient AΘ, ΘE, EK, KB, ΓA, ΛZ, ZM, MΔ. Nous démontrerons de la même manière que la sommé des parallélogrammes dont les bases sont AΘ, ΘE, EK, KB, et dont la hauteur est la même que celle du cylindre, sera plus grande que fa somme des parallélogrammes dont les bases sont les droites AE, EB, et dont la hauteur est la même que celle du cylindre. Mais la surface du cylindre comprise entre les droites AΓ, BΔ, avec les segments plans AEB, ΓZΔ, et la surface qui est composée des parallélogrammes dont les bases sont AΘ, ΘE, EK, KB, et dont la hauteur est la même que celle du cylindre, avec les figures rectilignes AΘEKB, ΓΛZMΔ, ont pour limite le plan du parallélogramme AΓΔB ; donc si l'on retranche les figures rectilignes AΘEKB, ΓΛZMΔ, la surface cylindrique restante qui est comprise entre les droites AΓ, ΔB, avec les segments plans AΘ, ΘE, EK, KB, ΓΛ, ΛZ, ZM, MΔ, sera plus grande que la surface composée des parallélogrammes dont les bases sont les droites AΘ, ΘE, EK, KB, et dont la hauteur est la même que celle du cylindre. Mais la somme des parallélogrammes dont les bases sont AΘ, ΘE, EK, KB, et dont la hauteur est la même que celle du cylindre, est plus grande que la somme des parallélogrammes dont les bases sont AE, EB et dont la hauteur est la même que celle du cylindre ; donc la surface cylindrique comprise entre les droites AΓ, B A, avec les segments plans AΘ, ΘE, EK, KB, ΓΛ, ΛZ, ZM, MΔ, est plus grande que la somme des parallélogrammes dont les bases sont les droites AE, EB, et dont la hauteur est la même que celle du cylindre. Mais la somme des parallélogrammes dont les bases sont les droites AE, EB et dont la hauteur est la même que celle du cylindre, est égale au parallélogramme AΓΔB réuni à la surface H; donc la surface cylindrique comprise entre les droites AΓ, BΔ, avec les segments plans AΘ, ΘE, EK, KB, ΓΛ, ΛZ, ZM, MΔ, est plus grande que le parallélogramme AΓΔB réuni à la surface H. Mais la somme des segments AΘ, ΘE, EK, KB, ΓΛ, ΛZ, ZM, MΔ, est plus petite que la surface H ; donc la surface cylindrique restante comprise entre les droites AΓ, BΔ est plus grande que le parallélogramme AΓΔB.

PROPOSITION XIII.

Si par les extrémités de deux droites qui sont dans la surface d'un cylindre droit quelconque, on mène des tangentes aux cercles qui sont les bases du cylindre, si ces droites sont dans le plan de ces cercles et si elles se rencontrent, la somme des parallélogrammes compris ʻ sous les tangentes et sous les côtés du cylindre, sera plus grande que la surface cylindrique comprise entre les droites qui sont dans sa surface.

Que le cercle ABΓ soit la base d'un cylindre droit quelconque, et que dans la surface de ce cylindre soient deux droites ayant pour extrémités les points A, Γ ; par les points A, Γ menons au cercle ABΓ des tangentes qui soient dans le même plan que lui et qui se coupent mutuellement au point H. Imaginons que dans l'autre base du cylindre, et par les extrémités des droites qui sont dans sa surface on ait mené des droites tangentes au cercle. Il faut démontrer que la somme des parallélogrammes compris sous les tangentes et sous les côtés du cylindre est plus grande que la surface du cylindre construite sur l'arc ABΓ.

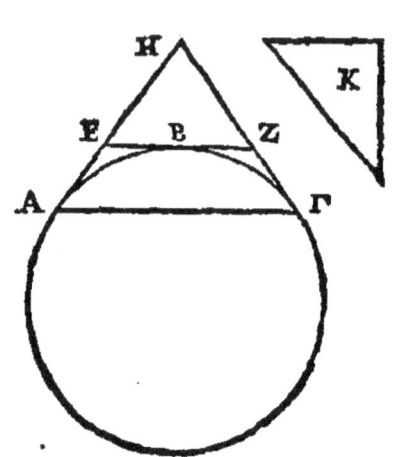

Menons au cercle ABΓ la tangente EZ ; et des points E, Z, menons au plan de la base supérieure des droites parallèles à l'axe du cylindre. La somme des parallélogrammes compris sous les droites AH, HΓ et sous les côtés du cylindre est plus grande que la somme des parallélogrammes compris sous les droites AE, EZ, ZΓ, et sous les côtés du cylindre. Car puisque la somme des droites EH, HZ est plus grande que la droite EZ, si on ajoute de part et d'autre les droites AE, ZΓ, la somme des droites HA, HΓ sera plus grande que la somme des droites AE, EZ, ZΓ. Que l'excès de la somme des parallélogrammes compris sous les droites HA, HΓ, et sous les côtés du cylindre sur la somme des parallélogrammes compris sous les droites AE, EZ, ZΓ et sous les côtés du cylindre, soit la surface K. La moitié de la surface K sera ou plus grande que la somme des figures comprises entre les droites AE, EZ, ZΓ, et les arcs AB, BΓ ; ou elle ne sera pas plus grande. Supposons d'abord qu'elle soit plus grande. Puisque le contour du parallélogramme construit sur la droite AΓ est la limite de la surface qui est composée des parallélogrammes construits sur les droites AE, EZ, ZΓ du trapèze AEZΓ et de celui qui lui est opposé dans l'autre base du cylindre, et que le contour du parallélogramme construit sur AΓ est aussi la limite de la surface qui est composée de la surface du cylindre construite sur l'arc ABΓ, du segment ABΓ, et de celui qui lui est opposé, les surfaces dont nous venons de parler ont la même limite dans un même plan. Mais l'une et l'autre de ces surfaces sont concaves du même côté, et l'une de ces surfaces est comprise par l'autre, le reste étant commun ; donc la surface qui est comprise est la plus petite. (*Princ. 4.*) Donc si on retranche les parties communes, c'est-à-dire, le segment ABΓ et celui qui lui est opposé, la surface du cylindre construite sur l'arc ABΓ sera plus petite que la surface composée non-seulement des parallélogrammes construits sur les droites AE, EZ, ZΓ, mais encore des segments AEB, BZΓ et de ceux qui leur sont opposés. Mais la surface composée des parallélogrammes dont nous venons de parler, avec les segments dont nous venons aussi de parler, est plus petite que la surface composée des parallélogrammes construits sur les droites AH, HΓ ; car la somme des parallélogrammes construits sur les droites AE, EZ, ZΓ, avec la surface K, qui est plus grande que la somme des segments AEB, BZΓ, est égale à la somme des parallélogrammes construits sur AH, HΓ; donc la somme des parallélogrammes compris sous la droite AH, ΓH et sous les côtés du cylindre, est plus grande que la surface du cylindre construite sur l'arc ABΓ.

Si la surface K n'était pas plus grande que la somme des segments AEB, BZΓ, on mènerait des tangentes au cercle, de manière, que la somme des segments restants placés autour du cercle fût moindre que la moitié de la surface K (7) ; et l'on démontrerait le reste comme on l'a fait plus haut.

Ces choses étant démontrées, les propositions suivantes découlent nécessairement de ce qui a été dit plus haut.

La surface d'une pyramide inscrite dans un cône droit, la base exceptée, est plus petite que la surface du cône.

Car chacun des triangles qui renferment la pyramide est moindre que la surface du cône comprise entre les côtés du triangle. Donc la surface totale de la pyramide, la base exceptée, est moindre que la surface du cône.

La surface de la pyramide circonscrite à un cône droit, la base exceptée, est plus grande que la surface du cône.

Si un prisme est inscrit dans un cylindre droit, la surface du prisme, qui est composée de parallélogrammes, est plus petite que la surface du cylindre, la base exceptée.

Car chaque parallélogramme du prisme est moindre que la surface du cylindre construite sur ce parallélogramme.

Si un prisme est circonscrit à un cylindre droit, la surface du prisme composée de parallélogrammes est plus grande que la surface du cylindre, la base exceptée.

PROPOSITION XIV.

La surface d'un cylindre droit quelconque, la base exceptée, est égale à un cercle dont le rayon est moyen proportionnel entre le côté du cylindre et le diamètre de sa base.

Que le cercle A soit la base d'un cylindre droit quelconque; que la droite ΓΔ soit égale au diamètre du cercle A, et la droite EZ égale au côté du cylindre; que la droite H soit moyenne proportionnelle entre ΔΓ, EZ ; et supposons un cercle B dont le rayon soit égal à la droite H. Il faut démontrer que le cercle B est égal à la surface du cylindre, la base exceptée.

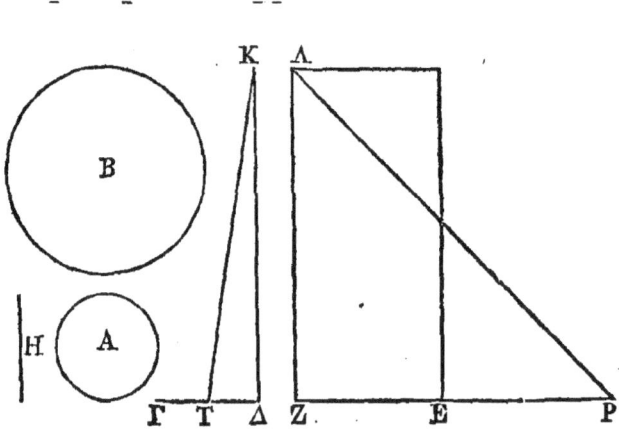

Car si ce cercle n'est pas égal à la surface du cylindre, il est plus grand ou plus petit. Supposons, si cela est possible, qu'il soit plus petit. Puisque l'on a deux quantités inégales, la surface du cylindre et le cercle B, on pourra inscrire dans le cercle B un polygone équilatère et lui en circonscrire un autre, de manière que la raison du polygone circonscrit au polygone inscrit soit moindre que la raison de la surface du cylindre au cercle B (6). Supposons que l'on ait circonscrit au cercle A un polygone semblable à celui qui est circonscrit au cercle B ; et imaginons que le polygone circonscrit au cercle A soit la base d'un prisme circonscrit à ce cylindre; que la droite KΔ soit égale au contour du polygone circonscrit au cercle A ; que la droite ΛZ soit égale à cette même droite KΔ, et que la droite ΓT soit la moitié de la droite ΓΔ. Le triangle KΔT sera égal au polygone circonscrit au cercle A ; parce que la base de ce triangle est égale au contour de ce polygone, et que sa hauteur est égale au rayon du cercle A et le parallélogramme EΛ sera égal à la surface du prisme circonscrit au cylindre, parce que ce parallélogramme est compris sous le côté du cylindre et sous une droite égale au contour de la base du prisme. Faisons la droite EP égale à la droite EZ. Le triangle ZPΛ sera égal au parallélogramme EΛ, et par conséquent à la surface du prisme. Mais les polygones circonscrits aux cercles A, B sont semblables; donc ces polygones sont entre eux comme les carrés des rayons des cercles A, B.

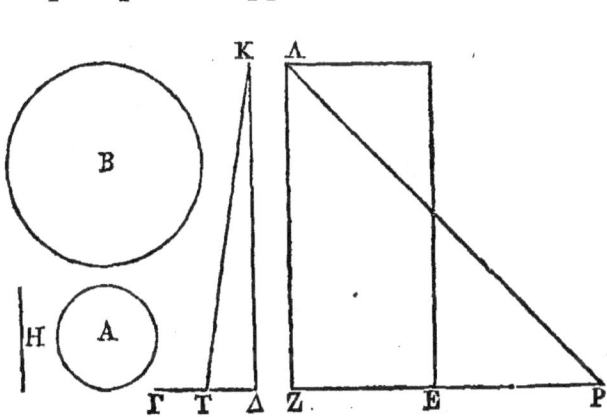

LIVRE PREMIER.

Donc le triangle KTΔ est au polygone circonscrit au cercle B comme le carré de TΔ est au carré de H ; car les droites TΔ, H sont égales aux rayons des cercles A, B. Mais le carré de TΔ est au carré de H comme la droite TΔ est à la droite PZ ; car la droite H est moyenne proportionnelle entre TΔ, PZ, attendu qu'elle est moyenne proportionnelle entre ΓΔ, EZ. Mais pourquoi la droite H est-elle moyenne proportionnelle entre TΔ, PZ (α)? Le voici: Puisque la droite ΔT est égale à la droite TΓ, et que la droite PE est aussi égale à la droite EZ, la droite ΓΔ est double de la droite TΔ, et la droite PZ double de PE. Δonc la droite ΔΓ est à la droite ΔT comme la droite PZ est à la droite ZE. Donc la surface comprise sous les droites ΓΔ, EZ est égale à la surface comprise sous les droites TΔ, PZ. Mais le carré construit sur la droite H est égal à la surface comprise sous ΓΔ, EZ ; donc le carré construit à la droite H est aussi égal à la surface comprise sous ΓΔ, EZ. Donc TΔ est à H comme H est à PZ. Donc le carré construit sur la droite TΔ est au carré construit sur la droite H comme la droite TΔ est à la droite PZ ; car lorsque trois droites sont proportionnelles entre elles, la première est à la troisième comme la figure construite sur la première droite est à la figure semblable construite de la même manière sur la seconde. Mais le triangle KTΔ est au triangle PΛZ comme la droite TΔ est à la droite PZ, parce que les droites KΔ, ΛZ sont égales entre elles; donc le triangle KTΔ est au polygone circonscrit au cercle B comme le triangle KTΔ est au triangle PZΛ. Donc le triangle ZΛP est égal au polygone circonscrit au cercle B. Donc la surface du prisme qui est circonscrit au cylindre est aussi égale au polygone qui est circonscrit au cercle B. Mais la raison du polygone qui est circonscrit au cercle B au polygone qui est inscrit dans ce même cercle, est moindre que la raison de la surface du cylindre A au cercle B ; donc la raison de la surface du prisme qui est circonscrit à ce cylindre au polygone qui est inscrit dans le cercle B, est encore moindre que la raison de la surface du cylindre au cercle B, et par permutation ……. (β), ce qui est impossible; car la surface du prisme circonscrit au cylindre est plus grande que la surface du cylindre, ainsi que cela a été démontré (13); et le polygone inscrit dans le cercle B est moindre que le cercle B (1). Donc le cercle B n'est pas plus petit que la surface du cylindre.

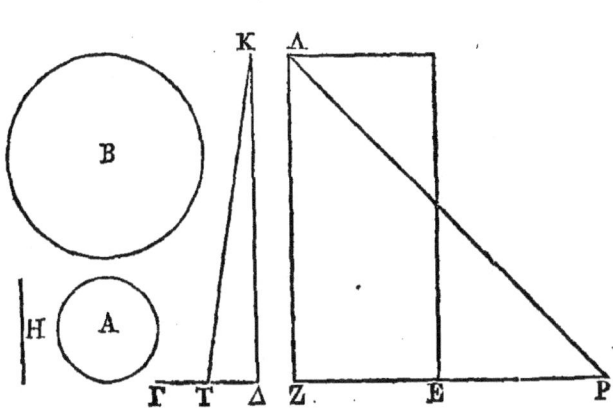

Supposons en second lieu, si cela est possible, que le cercle B soit plus grand que la surface du cylindre. Imaginons qu'on ait inscrit dans le cercle B un polygone, et qu'on lui en ait circonscrit un autre, de manière que la raison du polygone circonscrit au polygone inscrit soit moindre que la raison du cercle B à la surface du cylindre (6). Inscrivons dans le cercle A un polygone semblable à celui qui est inscrit dans le cercle B ; que le polygone inscrit dans le cercle A soit la base d'un prisme; que la droite KΔ soit égale au contour du polygone inscrit dans ce cercle, et que la droite ZΛ soit égale à cette droite. Le triangle KTΔ sera plus grand que le polygone inscrit dans le cercle A ; parce que ce triangle a une base égale au contour de ce polygone, et une hauteur plus grande que la perpendiculaire menée du centre sur un des côtés du polygone; et le parallélogramme EΛ sera égal à la surface du prisme inscrit, qui est composée de parallélogrammes; parce que cette surface est comprise sous le côté du cylindre, et sous une droite égale au contour du polygone qui est la base du prisme ; donc le triangle PAZ est aussi égal à la surface de ce prisme. Mais les polygones inscrits dans les cercles A, B sont semblables; donc ces polygones sont entre eux comme les carrés des rayons de ces cercles. Mais les triangles KTΔ, ZPΛ sont aussi entre eux comme les carrés des rayons des cercles A, B (γ); donc le polygone inscrit, dans le cercle A est au polygone inscrit dans le cercle B comme le triangle KTΔ est au triangle ΛZP. Mais le polygone inscrit dans le cercle A est plus petit que le triangle KTΔ ; donc le polygone inscrit dans le cercle B est plus petit que le triangle ZPΛ. Donc le polygone inscrit dans le cercle B est aussi plus petit que la surface du prisme inscrit dans le cylindre, ce qui est impossible; car la raison du polygone qui est circonscrit au cercle B au polygone qui lui est inscrit, est moindre que la raison du cercle B à la surface du cylindre; donc par permutation ...... (d). Mais le polygone circonscrit au cercle B est plus grand que ce même cercle B (2); donc le polygone inscrit dans le cercle B est plus grand que la surface du cylindre, et par conséquent plus grand que la surface du prisme. Donc le cercle B n'est pas plus grand que la surface du cylindre. Mais on a démontré qu'il n'est pas plus petit; donc il lui est égal.

PROPOSITION XV.

La surface d'un cône droit quelconque, la base exceptée, est égale à un cercle dont le rayon est moyen proportionnel entre le côté du cône et le rayon du cercle qui est la base du cône.

Soit le cône droit dont le cercle A est la base; que la droite Γ soit le rayon de la base ; que la droite Δ soit égale au côté du cône; que la droite E soit moyenne proportionnelle entre Γ, Δ, et enfin que le cercle B ait pour rayon une droite égale à la droite E. Je dis que le cercle B est égal à la surface du cône, la base exceptée.

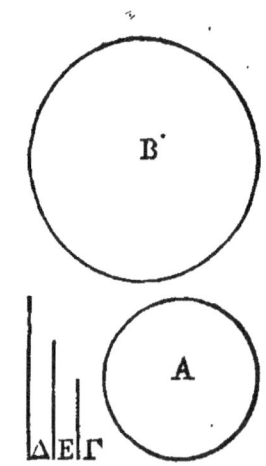

Car si le cercle B n'est pas égal à la surface du cône, la base exceptée, il est ou plus grand ou plus petite Supposons d'abord qu'il soit plus petit Puisqu'on a deux quantités inégales, la surface du cône et le cercle B, et que la surface du cône est la plus grande, on peut inscrire dans le cercle B un polygone équilatère, et lui circonscrire un polygone semblable au premier, de manière que la raison du polygone circonscrit au polygone inscrit soit moindre que la raison de la surface du cône au cercle B (6). Imaginons que l'on ait circonscrit au cercle A un polygone semblable au polygone circonscrit au cercle B ; et supposons que le polygone circonscrit au cercle A soit la base d'une pyramide qui ait le même sommet que le cône. Puisque les polygones circonscrits aux cercles A, B sont semblables, ils sont entre eux comme les carrés des rayons de ces cercles ; c'est-à-dire, comme les carrés des droites Γ, E, ou comme les droites Γ, Δ. Mais le polygone circonscrit au cercle A est à la surface de la pyramide circonscrite au cône, comme la droite Γ est à la droite Δ. En effet, la droite Γ est égale à la perpendiculaire menée du centre du cercle sur un des côtés du polygone; la droite Δ est égale au côté du cône; et le contour du polygone est la hauteur commune de deux rectangles dont les moitiés sont le polygone circonscrit au cercle A, et la surface de la pyramide circonscrite au cône. Donc le polygone circonscrit au cercle A est au polygone circonscrit au cercle B, comme le polygone circonscrit au cercle A est à la surface de la pyramide circonscrite au cône. Donc la surface de la pyramide est égale au polygone circonscrit au cercle B. Donc puisque la raison du polygone qui est circonscrit au cercle B au polygone inscrit est moindre que la raison de la surface du cône au cercle B, la raison de la surface de la pyramide qui est circonscrite au cône au polygone inscrit dans le cercle B, sera moindre que la raison de la surface du cône au cercle B (α). Ce qui est impossible; car la surface de la pyramide est plus grande que la surface du cône, ainsi que nous l'avons démontré (13); et le polygone inscrit dans le cercle B est au contraire plus petit que le cercle B. Donc le cercle B n'est pas plus petit que la surface du cône.

LIVRE PREMIER.

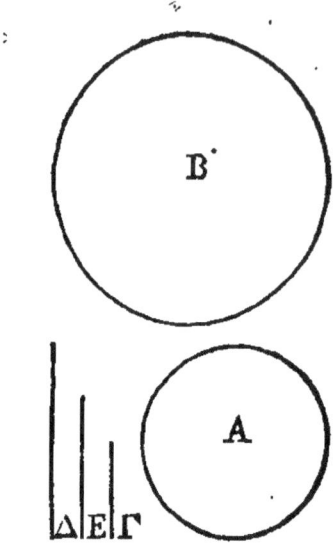

Je dis à présent que le cercle B n'est pas plus grand que la surface du cône. Car supposons, si cela est possible, que ce cercle soit plus grand. Supposons de nouveau qu'on ait inscrit dans le cercle B un polygone, et qu'on lui en ait circonscrit un autre; de manière que la raison du polygone circonscrit au polygone inscrit soit moindre que la raison du cercle B à la surface du cône (6). Inscrivons dans le cercle A un polygone semblable à celui qui est inscrit dans le cercle B ; et concevons que ce polygone soit la base d'une pyramide, qui ait le même sommet que le cône. Puisque les polygones inscrits dans les cercles A, B sont semblables, ces polygones sont entre eux comme les carrés des rayons de ces cercles. Donc la raison du polygone inscrit dans le cercle A au polygone inscrit dans le cercle B est égale à la raison de Γ à Δ. Mais la raison de Γ à Δ est plus grande que la raison du polygone inscrit dans le cercle A à la surface de la pyramide inscrite dans le cône; car la raison du rayon du cercle A au côté du cône est plus grande que la raison de la perpendiculaire menée du centre sur le côté du polygone à la perpendiculaire menée du sommet du cône sur le côté du même polygone (β). Donc la raison du polygone inscrit dans le cercle A au polygone inscrit dans le cercle B est plus grande que la raison du premier polygone à la surface de la pyramide. Donc la surface de la pyramide est plus grande que le polygone inscrit dans le cercle B. Mais la raison du polygone qui est circonscrit au cercle B au polygone qui lui est inscrit, est moindre que la raison du cercle B à la surface du cône; donc la raison du polygone qui est circonscrit au cercle B à la surface de la pyramide inscrite dans le cône, est encore moindre que la raison du cercle B à la surface du cône ….. (γ). Ce qui est impossible ; car le polygone circonscrit est plus grand que le cercle B (2), tandis que la surface de la pyramide inscrite dans le cône est plus petite que la surface du cône (13). Donc le cercle B n'est pas plus grand que la surface du cône. Mais ou a démontré qu'il n'est pas plus petit : donc il lui est égal.

PROPOSITION XVI.

La surface d'un cône droit quelconque est à sa base comme le côté du cône est au rayon de sa base.

Soit un cône droit qui ait pour base le cercle A. Que la droite B soit égale au rayon du cercle A, et la droite Γ égale au côté de ce cône. Il faut démontrer que la surface du cône est au cercle A comme Γ est à B.

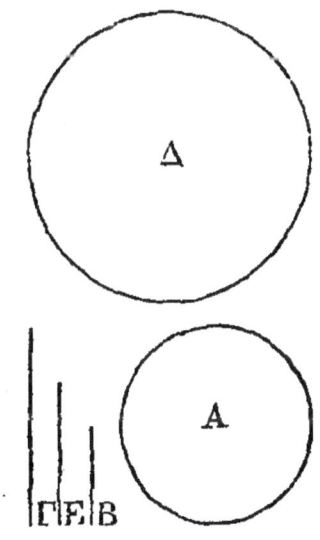

Prenons une droite E moyenne proportionnelle entre B, Γ ; et supposons un cercle Δ qui ait un rayon égal à la droite E. Le cercle Δ sera égal à la surface du cône, ainsi que cela a été démontré dans le théorème précédent. Mais on a démontré aussi que le cercle Δ est au cercle A comme la droite Γ est à la droite B, car ces deux raisons sont égales chacune à la raison du carré de la droite E au carré de la droite B; parce que les cercles sont entre eux comme les carrés décrits sur leurs diamètres, et par conséquent comme les carrés décrits sur leurs rayons, à cause que ce qui convient aux diamètres convient aussi à leurs moitiés; or, les rayons des cercles A, Δ sont égaux aux droites B, E ...... (α). Il est donc évident que la surface du cône est à la surface du cercle A comme la droite Γ est à la droite B.

LEMME.

Soit le parallélogramme BAH et que BH soit sa diagonale. Que le côté BA soit coupé en deux parties d'une manière quelconque au point Λ. Par le point Λ menons la droite ΛΘ parallèle au côté AH, et par le point Z la droite KΛ, parallèle au côté BA. Je dis que la surface comprise sous BA, AH est égale à la surface comprise sous BΔ, ΔZ, et à la surface comprise sous ΔA et sous une droite composée de ΔZ, AH (α).

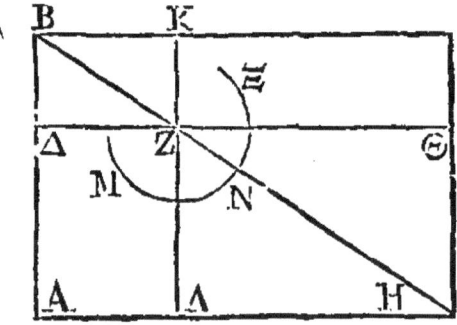

En effet, la surface comprise sous BA, AH est la surface totale BH. Mais la surface comprise sous les droites BΔ, ΔZ est la surface BZ ; la surface comprise sous ΔA, et sous une droite composée de ΔZ, AH, est le gnomon MNΞ, parce que la surface comprise sous les droites ΔA, AH est égale à la surface KH, le complément KΘ étant égal au complément ΔΛ, et enfin la surface comprise sous ΔA, ΔZ est égale à la surface ΔΛ. Donc la surface totale BH, c'est-à-dire celle qui est comprise sous les droites BA,AH est égale à la surface comprise sous les droites BΔ, ΔZ, et au gnomon MNΘ, qui est égal à la surface comprise sous ΔA et sous une droite composée de AH, ΔZ.

PROPOSITION XVII.

Si un cône droit est coupé par un plan parallèle à la base, la surface comprise entre les plans parallèles est égale à un cercle dont le rayon est moyen proportionnel entre la partie du côté du cône comprise entre les plans parallèles et entre une droite égale à la somme des rayons des cercles qui sont dans les plans parallèles.

Soit un cône dont le triangle qui passe par l'axe soit égal au triangle ABΓ. Coupons ce cône par un plan parallèle à la base ; que ce plan produise la section ΔE, et que la droite BH soit l'axe de ce cône. Supposons un cercle dont le rayon soit moyen proportionnel entre la droite AΔ et entre la somme des droites ΔZ, HA ; et que ce cercle soit Θ. Je dis que ce cercle est égal à la surface du cône comprise entre ΔE, AΓ.

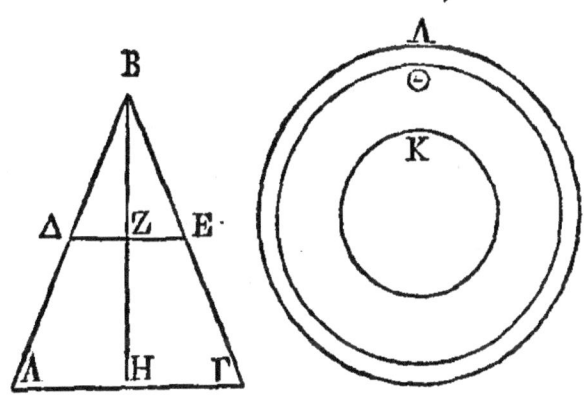

Supposons les deux cercles Λ, K ; que le carré construit sur le rayon du cercle K soit égal à la surface comprise sous les droites BΔ, ΔZ, et que le carré construit sur le rayon du cercle Λ, soit égal à la surface comprise sous les droites BA, AH. Λe cercle Λ sera égal à la surface du cône ABΓ, et le cercle K égal à la surface du cône ΔEB (15).

En effet, la surface comprise sous BA, AH est égale à la surface comprise sous BΔ, ΔZ, et à la surface comprise sous AΔ et sous une droite composée ΔZ, AH, à cause que la droite ΔZ est parallèle à la droite AH (16, *lemme*). Mais la surface comprise sous AB, AH est égale au carré construit sur le rayon du cercle Λ ; la surface comprise sous BΔ, ΔZ est égale au carré construit sur le rayon du cercle K, et la surface comprise sous ΔA et une droite composée de ΔZ, AH, est égale au carré construit sur le rayon du cercle Θ. Donc le carré construit sur le rayon du cercle A est égal à la somme des carrés construits sur les rayons des cercles K, Θ. Donc le cercle A est égal aux cercles K, Θ. Mais le cercle A est égal à la surface du cône BAΓ, et le cercle K égal à la surface du cône ΔBE; donc la surface restante comprise entre les plans parallèles AE, AΓ est égale à la surface du cercle Θ.

LEMMES.

1. Les cônes qui ont des hauteurs égales sont entre eux comme leurs bases, et ceux qui ont des bases égales sont entre eux comme leurs hauteurs.

2. Si un cylindre est coupé par un plan parallèle à sa base, les deux cylindres seront entre eux comme leurs axes.

3. Lorsque des cônes et des cylindres ont les mêmes bases, les cônes sont eux comme les cylindres (α).

4. Les bases des cônes égaux sont réciproquement proportionnelles aux hauteurs de ces cônes; et les cônes dont les bases sont réciproquement proportionnelles à leurs hauteurs sont égaux entre eux.

5. Les cônes dont les diamètres des bases et dont les hauteurs, c'est-à-dire les axes sont proportionnels, sont entre eux en raison triplée des diamètres de leurs bases.

Toutes ces choses ont été démontrées par ceux qui ont existé avant nous (β).

PROPOSITION XVIII.

Si l'on a deux cônes droits, si la surface de l'un est égale à la base de l'autre, et si la perpendiculaire menée du centre de la base du premier sur son côté, est égale à la hauteur du second, ces deux cônes sont égaux.

Soient les deux cônes droits ABΓ, ΔEZ ; que la base du cône ABΓ soit égale à la surface du cône ΔEZ ; que la hauteur AH soit égale à la perpendiculaire KΘ, menée du centre Θ sur un côté du cône, savoir sur ΔE. Je dis que ces deux cônes sont égaux.

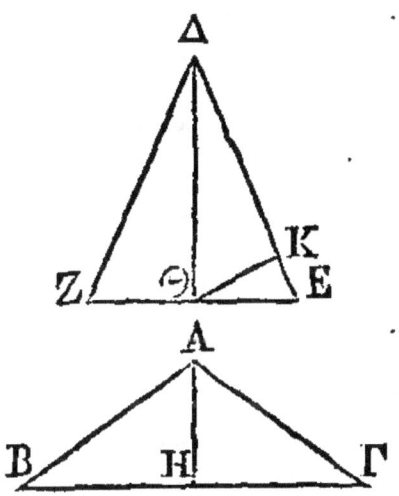

Puisque la base du cône ABΓ est égale à la surface du cône ΔEZ, et que les choses qui sont égales entre elles, ont la même raison avec une troisième, la base du cône BAΓ est à la base du cône ΔEZ comme la surface du cône ΔEZ est à la base du cône ΔEZ. Mais la surface du cône ΔEZ est à sa base comme ΔΘ est à ΘK; car on a démontré que la surface d'un cône droit quelconque est à sa base comme le côté du cône est au rayon de la base, c'est-à-dire comme ΔE est à EΘ (16); et la droite EΔ est à la droite EΘ comme la droite AΘ est à la droite ΘΚ, parce que les triangles ΔΕΘ, ΔΚΘ sont équiangles; et de plus la droite ΘΚ est égale à la droite AH. Donc la base du cône BAΓ est à la base du cône ΔEZ comme la hauteur du cône ΔEZ est à la hauteur du cône ABΓ. Donc les bases des cônes ABΓ, ΔEZ sont réciproquement proportionnelles à leurs hauteurs. Donc le cône BAΓ est égal au cône ΔEZ (17, *lemme* 4).

PROPOSITION XIX.

Un rhombe quelconque composé de deux cônes droits est égal à un cône qui a une base égale à la surface de l'un des cônes qui composent le rhombe, et une hauteur égale à la perpendiculaire menée du sommet de l'autre cône sur le côté du premier cône.

Soit un rhombe ABΓΔ composé de deux cônes droits, dont la base est le cercle décrit autour du diamètre BΓ, et dont la hauteur est la droite AΔ. Supposons un autre cône HΘK, qui ait une base égale à la surface du cône ABΓ, et une hauteur égale à la perpendiculaire menée du point Δ sur le côté AB ou sur ce côté prolongé. Que cette perpendiculaire soit ΔZ, et que la hauteur du cône ΘHK soit la droite ΘΛ égale à la droite ΔZ. Je dis que le rhombe ABΓΔ est égal au cône HΘK.

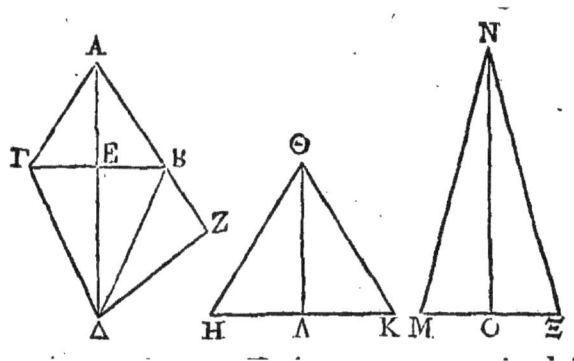

Supposons un autre cône MNΞ, dont la base soit égale à celle du cône ABΓ et dont la hauteur soit égale à AΔ. Que la hauteur de ce cône soit NO. Puisque NO est égal à AΔ, la droite NO est à la droite ΔE comme AΔ est à ΔE. Mais AΔ est à ΔE comme le rhombe ABΓΔ est au cône BΓΔ (α) ; et NO est à ΔE comme le cône MNΞ est au cône BΓΔ ; parce que ces deux cônes ont des bases égales. Donc le cône MNΞ est au cône BΓΔ comme le rhombe ABΓΔ est au cône BΓΔ. Donc le cône MNΞ est égal au rhombe ABΓΔ. Mais la surface du cône ABΓ est égale à la base du cône HΘK ; donc la surface du cône ABΓ est à sa base comme la base du cône HΘK est à la base du cône parce que la base du cône ABΓ est égale à la base du cône MNΞ. Mais la surface du cône ABΓ est à sa base comme AB est à BE (16), c'est-à-dire comme AΔ est à ΔZ ; car les triangles ABE, AΔZ sont semblables. Donc la base du cône HΘK est à la base du cône MNΞ comme AΔ est à ΔZ. Mais la droite AΔ est égale à la droite NO, par supposition, et la droite ΔZ est aussi égale à la droite ΘΛ ; donc la base du cône HΘK est à la base du cône MNΞ comme la hauteur NO est à la hauteur ΘΛ. Donc les bases des cônes HΘK, MNΞ sont réciproquement proportionnelles à leurs hauteurs. Donc ces cônes sont égaux (17, *lemme* 4). Mais on a démontré que le cône MNΞ est égal au rhombe ABΓΔ. Donc le cône HΘK est aussi égal au rhombe ABΓΔ.

PROPOSITION XX.

Si un cône droit est coupé par un plan parallèle à la base, et si sur le cercle qui est produit par cette section, on conçoit un cône ayant son sommet au centre de la base ; si l'on retranche du cône total le rhombe produit par cette construction, le reste sera égal à un cône ayant une base égale à la surface du cône comprise entre les plans parallèles, et une hauteur égale à la perpendiculaire menée du centre de la base sur un côté du cône.

Soit le cône droit ABΓ ; coupons ce cône par un plan parallèle à la base; que ce plan produise la section ΔE ; que le centre de la base soit le point Z, et que le cercle décrit autour du diamètre ΔE soit la base d'un cône ayant son sommet au point Z. Le rhombe BΔZE sera composé de deux cônes droits. Supposons un cône KΘΛ dont la base soit égale à la surface comprise entre les plans ΔE, AΓ, et dont la hauteur soit égale à la perpendiculaire ZH menée du point Z sur le côté AB. Je dis que si l'on retranche le rhombe BΔZE du cône ABΓ, le reste sera égal au cône ΘKΛ.

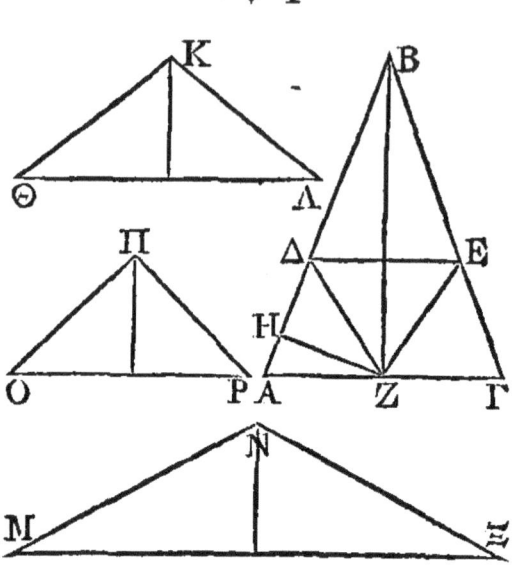

Soient les deux cônes MNΞ, OPP ; que la base du cône MNΞ soit égale à la surface du cône ABΓ, et que sa hauteur soit égale à la droite ZH. Le cône MNΞ sera égal au cône ABΓ ; car lorsque l'on a deux cônes droits, si la surface de l'un est égale à la base de l'autre, et si la perpendiculaire menée du centre de la base du premier sur son côté, est égale à la hauteur du second, ces deux cônes sont égaux (18). Que la base du cône OΠP soit égale à la surface du cône ΔBE, et sa hauteur égale à la droite ZH ; le cône OΠP sera égal au rhombe BΔZE, ainsi que cela a été démontré plus haut (19). Puisque la surface du cône ABΓ est composée de la surface du cône BΔE, et de la surface comprise entre ΔE, AΓ ; que la surface du cône ABΓ est égale à la base du cône MNΞ ; que la surface du cône ΔBE est égale à la base du cône OΠP, et qu'enfin la surface comprise entre ΔE, AΓ est égale à la base du cône ΘKA, la base du cône MNΞ sera égale aux bases des cônes ΘKΛ, OΠP. Mais ces cônes ont la même hauteur ; donc le cône MNΞ est égal aux cônes ΘKΛ, OΠP. Mais le cône MNΞ est égal au cône ABΓ, et le cône ΠOP est égal au rhombe BΔEZ; donc ce qui reste du cône ABΓ, après en avoir ôté le rhombe ΔBEZ, est égal au cône ΘKΛ.

PROPOSITION XXI.

Si un des cônes d'un rhombe composé de cônes droits est coupé par un plan parallèle à la base; si le cercle produit par cette section est la base d'un cône qui a le même sommet que l'autre cône du rhombe ; et si du rhombe total, on retranche le rhombe produit par cette construction, ce qui restera du rhombe total sera égal à un cône qui aura une base égale à la surface comprise entre les plans parallèles, et une hauteur égale à la perpendiculaire menée du sommet du second cône sur le côté du premier.

Que ABΓΔ soit un rhombe composé de deux cônes droits ; coupons un de ces cônes par un plan parallèle à la base, et que ce plan produise la section EZ ; que le cercle produit par cette section soit la base d'un cône qui ait son sommet au point Δ, cette construction produira le rhombe EBZΔ. Retranchons ce rhombe du rhombe total; et supposons un cône ΘKΛ, qui ait une base égale à la surface comprise entre AΓ, EZ, et une hauteur égale à la perpendiculaire menée du point Δ sur la droite BA, ou sur son prolongement. Je dis que le reste dont nous avons parlé est égal au cône ΘKΛ.

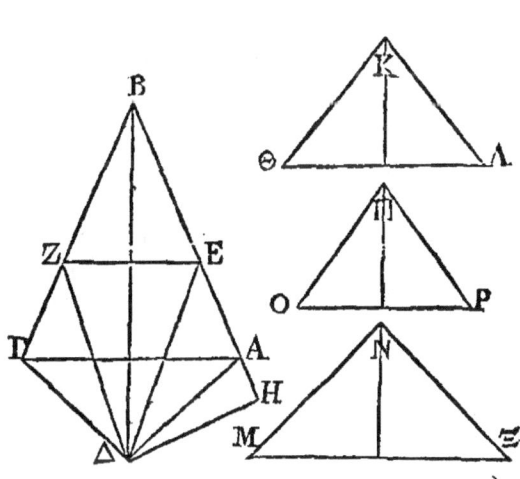

Soient les deux cônes MNΞ, OΠP. Que la base du cône MNΞ soit égale à la surface du cône ABΓ, et que sa hauteur soit égale à la droite ΔH : d'après ce que nous avons démontré (19), le cône MNΞ est égal au rhombe ΑΒΓΔ. Que la base du cône ΟΠΡ soit égale à la surface du cône EBZ, et sa hauteur égale à la droite ΔH ; le cône ΟΠΡ sera aussi égal au rhombe EBZΔ (19). Mais puisque la surface du cône ΑΒΓ est composée de la surface du cône EBZ, et de la surface comprise entre EZ, ΑΓ ; que la surface du cône ΑΒΓ est égale à la base du cône MNΞ ; que la surface du cône EBZ sera égale à la base du cône ΟΠΡ, et qu'enfin la surface comprise entre EZ, ΑΓ est égale à la base du cône ΘΚΛ, la base du cône MNΞ est égale à la somme des bases des cônes ΟΠΡ, ΘΚΛ. Mais ces cônes ont la même hauteur ; donc le cône MNΞ est égal à la somme des cônes ΘΚΛ, ΟΠΡ. Mais le cône MNΞ est égal au rhombe ΑΒΓΔ, et le cône ΟΠΡ égal au rhombe EBZΔ; donc le cône restant ΘΚΛ est égal à ce qui reste du rhombe ΑΒΓΔ.

PROPOSITION XXII.

Si l'on inscrit dans un cercle un polygone équilatère et d'un nombre pair de côtés ; et si l'on joint les côtés de ce polygone par des droites parallèles à une des droites qui sous-tendent deux côtés de ce même polygone, la somme des droites qui joignent les côtés du polygone est au diamètre du cercle, comme la droite qui soutend la moitié des côtés du polygone inscrit moins un est à un côté de ce polygone.

Soit le cercle ΑΒΓΔ ; inscrivons-lui le polygone ΑΕΖΒΗΘΓΜΝΔΛΚ et menons les droites ΕΚ, ΖΛ, ΒΔ, ΗΝ, ΘΜ. Il est évident que ces droites seront parallèles à une de celles qui sous-tendent deux côtés de ce polygone. Je dis que la somme des droites dont nous avons parlé est au diamètre du cercle comme la droite ΓΕ est à la droite ΕΑ.

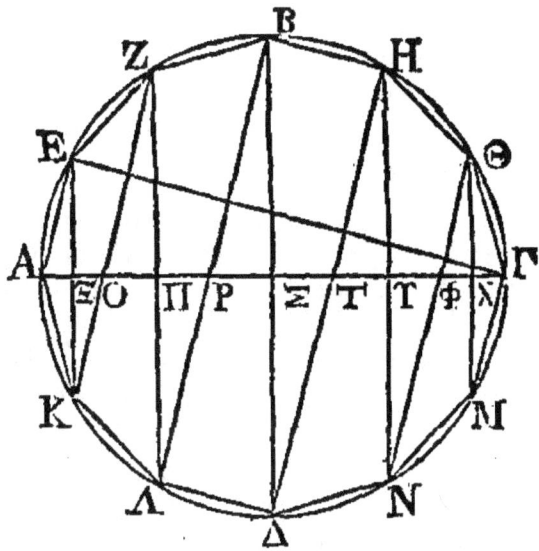

Menons les droites ZK, ΛB, HΔ, ΘN. La droite ZK sera parallèle à la droite EA ; la droite BΛ parallèle à la droite ZK ; la droite ΔH parallèle à la droite BΛ ; la droite ΘN parallèle à ΔH ; et enfin la droite TM parallèle à ΘN. Puisque les deux droites EA, KZ sont parallèles, et que l'on a mené les deux droites EK, ΛO, la droite EΞ est à la droite ΞA comme la droite KΞ est à la droite ΞΘ. Par la même raison, la droite KΞ est à la droite ΞO comme la droite ZΠ est à la droite ΠO ; la droite ZΠ est à la droite ΠO comme la droite AP est à la droite ΠP ; la droite AΠ est à la droite ΠP comme la droite BΣ est à la droite ΣΠ ; la droite BΣ est à la droite ΣΠ comme la droite ΔS est à la droite ΣT; la droite ΔS est à la droite ΣT comme la droite HΥ est à la droite ΥT ; la droite HΥ est à la droite UT comme la droite NΥ est à la droite ΥX ; la droite NΥ est à la droite ΥΦ comme la droite ΘX est à la droite XΦ ; et enfin la droite ΘX est à la droite XΦ comme la droite MX est à la droite CΓ. Δonc la somme de toutes les droites EΞ, ΞK, ZΠ, ΠΛ, BΣ, ΣΔ, HΥ, ΥN,ΘX, XM, est à la somme de toutes les droites AΞ, ΞO, OΠ, ΠP, PΣ, ΣT, TΥ, ΥΦ, ΦX, XΓ, comme une de ces premières droites est à une des secondes.

LIVRE PREMIER.

Δonc la somme des droites EK, ZΛ, BΔ, HN, ΘM est au diamètre AΓ comme la droite EΞ est à la droite ΞA. Mais la droite EΞ est à la droite ΞA comme la droite ΓE est à la droite EA ; donc la somme des droites EK, ZΛ, BΔ, HN, ΘM est au diamètre AΓ comme la droite ΓE est à la droite EA.

PROPOSITION XXIII.

Si l'on inscrit dans un segment de cercle un polygone d'un nombre pair de côtés, dont tous les côtés, excepté la base, soient égaux entre eux; si l'on joint les côtés du polygone par des parallèles à la base du segment, la somme de ces parallèles, avec la moitié de la base du segment, est à la hauteur du segment, comme la droite menée de l'extrémité du diamètre à l'extrémité d'un des côtés du polygone est à un côté du polygone.

Conduisons dans le cercle ABΓ une droite quelconque AΓ. Dans le segment ABΓ, et au-dessus de AΓ, inscrivons un polygone d'un nombre pair de côtés, dont tous les côtés, excepté la base AΓ, soient égaux ; et menons les droites ZH, EΘ parallèles à la base du segment. Je dis que la somme des droites ZH, EΘ, AΞ est à la droite BΞ comme la droite ΔZ est au côté ZB.

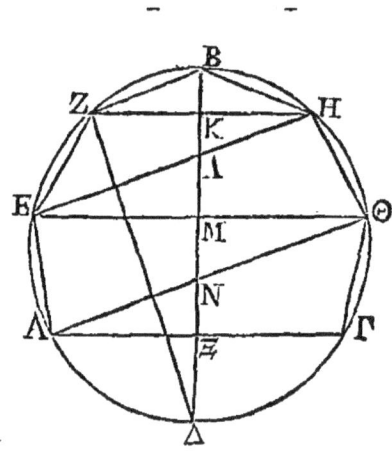

Menons les droites HE, AΘ ; ces droites seront parallèles à la droite ZB. Par la même raison que dans le théorème précédent, la droite KZ est à la droite KB comme la droite HK est à la droite KΛ, comme EM est à MΛ, comme MΘ est à MN et comme ΞA est à ΞN. Donc la somme des droites ZK, KH, EM, MΘ, AΞ est à la somme des droites BK, KΛ, ΛM, MN, NΞ, comme une des premières droites est à une des secondes. Donc la somme des droites ZH, EΘ, AΞ est à la droite BΞ comme la droite ZK est à la droite KB. Mais la droite ZK est à la droite KB comme la droite ΔZ est à la droite ZB. Donc la somme des droites ZH, EΘ, AΞ est à la droite BΞ comme la droite ΔZ est à la droite ZB.

PROPOSITION XXIV.

Que ABΓΔ soit un grand cercle d'une sphère ; inscrivons dans ce cercle un polygone équilatère dont le nombre des côtés soit divisible par quatre (α). Soient AΓ, BΔ deux diamètres (β). Si le diamètre AΓ restant immobile, le cercle dans lequel le polygone est inscrit fait une .révolution, il est évident que sa circonférence se mouvra selon la surface de la sphère, et que les sommets des angles, excepté ceux qui sont placés aux points A, Γ, décriront dans la surface de la sphère des circonférences de cercles dont les plans seront perpendiculaires sur le cercle ABΓΔ. Les diamètres de ces cercles seront des droites qui étant parallèles à la droite BΔ, joignent les angles du polygone.

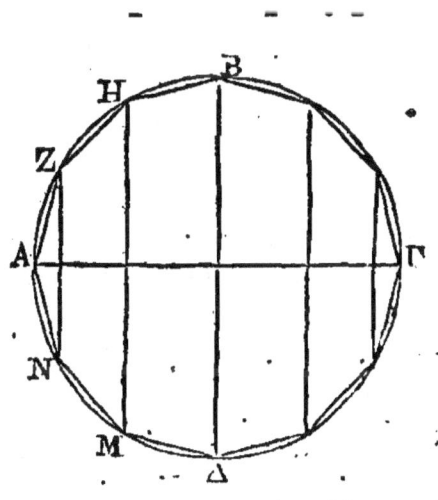

Les côtés du polygone décriront les surfaces de certains cônes, savoir : les côtés AZ, AN décriront la surface d'un cône dont la base est le cercle qui a pour diamètre la droite ZN et dont le sommet est le point A ; les côtés ZH, MN décriront la surface d'un cône dont la base est le cercle qui a pour diamètre la droite MH, et dont le sommet est le point où les droites ZH, MN prolongées se rencontrent avec la droite AΓ ; et enfin les côtés BH, MΔ décriront la surface du cône dont la base est le cercle qui a pour diamètre la droite BΔ, et dont le sommet est le point où les droites BH, ΔM prolongées se rencontrent avec la droite AΓ. Pareillement dans l'autre demi-cercle, les côtés décriront aussi des surfaces de cônes semblables à celles dont nous venons de parler. De cette manière il sera inscrit dans la sphère une certaine figure qui sera comprise par les surfaces dont nous venons de parler, et dont la surface sera plus petite que la surface de la sphère. En effet, la sphère étant partagée en deux parties par un plan qui est mené par un droit BΔ, et perpendiculaire sur le cercle ABΓΔ, la surface de l'un des hémisphères et la surface de la figure inscrite ont les mêmes limites dans un seul plan, puisque ces deux surfaces ont pour limites la circonférence du cercle qui est décrite autour du diamètre BΔ, et qui est pendiculaire sur le cercle ABΓΔ ; ces deux surfaces sont concaves du même côté, et l'une de ces surfaces est comprise par l'autre et par un plan qui a les mêmes limites que cette autre (*Princ.* 4). Pareillement la surface de la figure qui est inscrite dans l'autre hémisphère, est aussi plus petite que la surface de cet hémisphère. Donc la surface totale de la figure inscrite dans la sphère est plus petite que la surface de la sphère.

PROPOSITION XXV.

La surface de la figure inscrite dans une sphère est égale à un cercle dont le carré du rayon est égal à la surface comprise, sous un des côtés du polygone, et sous une droite égale à, la somme des droites qui joignent les côtés du polygone, en formant des quadrilatères, et qui sont parallèles à une droite qui sous-tend deux côtés du polygone.

Que AΓBΔ soit un grand cercle de la sphère. Inscrivons dans ce cercle un polygone équilatère dont le nombre des côtés soit divisible par quatre. Concevons qu'une figure ait été engendrée dans la sphère par le polygone inscrit. Menons les droites EZ, HΘ, ΓΔ, KΛ, MN, et que ces droites soient parallèles à la droite qui soutend deux côtés du polygone. Supposons un cercle Ξ dont le carré du rayon soit égal à la surface comprise sous la droite AE, et sous une droite égale à la somme des droites EZ, HΘ, ΓΔ, KΛ, MN. Je dis que ce cercle est égal à la surface de la figure inscrite dans la sphère.

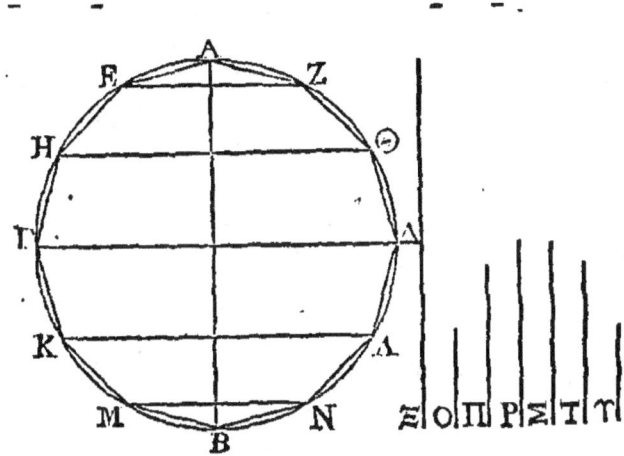

Supposons les cercles O, Π, P, Σ, T, Y. Que le carré du rayon du cercle O soit égal à la surface comprise sous EA et sous la moitié de EZ ; que le carré du rayon du cercle P soit égal à la surface comprise sous la droite EA, et sous la moitié de la somme des droites EZ, HΘ ; que le carré du rayon du cercle P soit égal à la surface comprise sous la droite EA, et sous la moitié de la somme des droites HΘ, ΓΔ ; que le carré du rayon du cercle Σ soit égal à la surface comprise sous la droite AE, et sous la moitié de la somme des droites ΓΔ, KΛ, que le carré du rayon du cercle T soit égal à la surface comprise sous la droite AE, et sous la moitié de la somme des droites KΛ, MN, et qu'enfin le carré du rayon du cercle Y soit égal à la surface comprise sous la droite AE, et sous la moitié de la droite MN. Mais le cercle O est égal à la surface du cône AEZ (15); le cercle Π égal à la surface comprise entre EZ, HΘ (17); le cercle P égal à la surface comprise entre HΘ, ΓΔ ; le cercle S égal à la surface comprise entre ΔΓ, KΛ ; le cercle T égal à la surface comprise entre KΛ, MN, et enfin le cercle Y égal à la surface du cône MBN. Donc la somme

LIVRE PREMIER.

de ces cercles est égale à la surface inscrite dans la sphère. Mais il est évident que la somme des carrés des rayons des cercles O, Π, P, Σ, T, Υ est égale à la surface comprise sous AE, et sous la somme des demi-droites EZ, HΘ, ΓΔ, KΛ, MN, prises deux fois, c'est-à-dire la somme des droites totales EZ, HΘ, ΓΔ, KΛ, MN. Donc la somme des carrés des rayons des cercles O, Π, P, Σ, T, Υ est égale à la surface comprise sous AE, et sous la somme des droites EZ, HΘ, ΓΔ, KΛ, MN. Mais le carré du rayon du cercle Ξ est égal à la surface comprise sous la droite AE, et sous une droite composée de toutes les droites EZ, HΘ, ΓΔ, KΛ, MN. Donc le carré du rayon du cercle Ξ est égal à la somme des carrés des rayons de tous les cercles O, Π, P, Σ, T, Υ. Donc le cercle S est égal à la somme des cercles O, Π, P, Σ, T, Υ (α). Mais l'on a démontré que la somme des cercles O, Π, P, Σ, T, Υ est égale à la surface de la figure dont nous avons parlé. Donc le cercle Ξ est aussi égal à la surface de cette figure.

PROPOSITION XXVI.

La surface d'une figure inscrite dans une sphère et terminée par des surfaces coniques, est plus petite que quatre grands cercles de la sphère.

Soit ΑΒΓΔ un grand cercle d'une sphère. Inscrivons dans ce cercle un polygone équiangle et équilatère, dont le nombre des côtés soit divisible par quatre. Concevons que sur ce polygone on ait construit une figure terminée par des surfaces coniques. Je dis que la surface de la figure inscrite est plus petite que quatre grands cercles de cette sphère.

Menons les deux droites EI, ΘM, sous-tendant chacune deux côtés du polygone, et les droites ZK, ΔB, HΛ parallèles aux droites EI, ΘM. Supposons un cercle P dont le carré du rayon soit égal à la surface comprise sous la droite EA, et sous une droite égale à la somme des droites EI, ZK, BΔ, HΛ, ΘM.

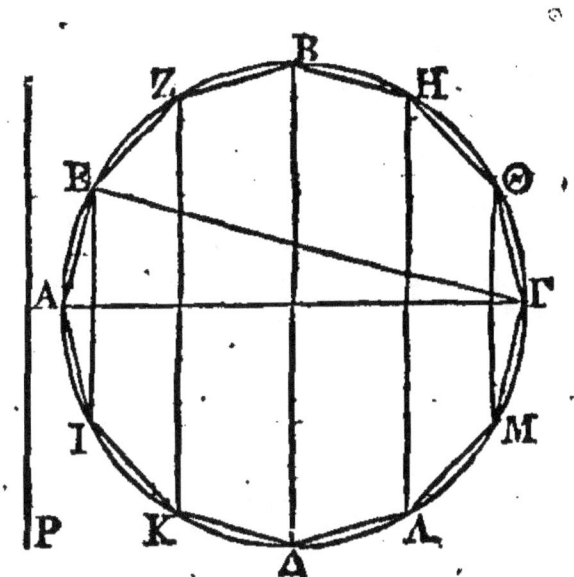

D'après ce qui a été démontré (25), ce cercle est égal à la surface de la figure dont nous venons de parler. Mais l'on a démontré qu'une droite égale à la somme des droites EI, ZK, BΔ, HΛ, ΘM, est au diamètre ΑΓ du cercle ΑΒΓΔ comme ΓΕ est à ΕΑ (22). Donc la surface comprise sous une droite égale à la somme des droites dont nous venons de parler, et sous la droite EA, c'est-à-dire le carré du rayon du cercle P, est égal à la surface comprise sous les droites ΑΓ, ΓΕ. Mais la surface comprise sous ΑΓ, ΓΕ est plus petite que le carré de ΑΓ ; donc le carré du rayon du cercle P est plus petit que le carré de ΑΓ. Donc le rayon du cercle Π est plus petit que ΑΓ. Donc le diamètre du cercle P est plus petit que le double du diamètre du cercle ΑΒΓΔ. Donc deux diamètres du cercle ΑΒΓΔ sont plus grands que le diamètre du cercle Π. Donc le quadruple du carré construit sur le diamètre du cercle ΑΒΓΔ, c'est-à-dire sur ΑΓ, est plus grand que le carré construit sur le rayon du cercle Π. Mais le quadruple du carré construit sur ΑΓ est au carré construit sur le diamètre du cercle Π, comme le quadruple du cercle ΑΒΓΔ est au cercle Π. Donc le quadruple du cercle ΑΒΓΔ est plus grand que le cercle Π. Donc le cercle Π est plus petit que le quadruple

LIVRE PREMIER.

d'un grand cercle. Mais on a démontré que le cercle Π est égal à la surface de la figure dont nous venons de parler (25); donc la surface de la figure dont nous venons de parler est plus petite que le quadruple d'un grand cercle de la sphère.

PROPOSITION XXVII.

Une figure inscrite dans la sphère et terminée par des surfaces coniques, est égale à un cône qui a une base égale à la surface de la figure inscrite dans la sphère, et une hauteur égale à la perpendiculaire menée du centre de la sphère sur un côté du polygone.

Soit une sphère ; que ABΓΔ soit un grand cercle de cette sphère, et que le reste soit comme dans le théorème précédent. Que P soit un cône droit, qui ait une base égale à la surface de la figure inscrite dans cette sphère, et une hauteur égale à la perpendiculaire menée du centre de cette sphère sur un côté du polygone. Il faut démontrer que la figure inscrite dans cette sphère est égale, au cône P.

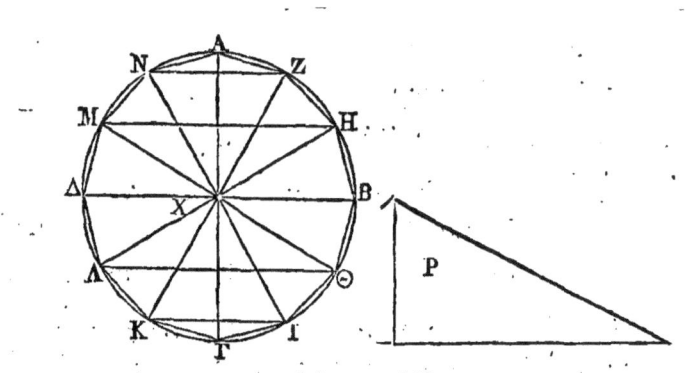

Sur les cercles décrits autour des diamètres ZN, HM, ΘΛ, IK, construisons des cônes qui .aient leur sommet au centre de la sphère. On aura un rhombe solide composé du cône dont la base est le cercle décrit autour du diamètre ZN, et dont le sommet est le point A ; et du cône dont la base est le même cercle et dont le sommet est le point X. Ce rhombe est égal: à un cône qui a une base égale à la surface du cône NAZ, et une hauteur égale à la perpendiculaire menée du point X sur la droite AZ (19). Le reste du rhombe terminé par la surface conique placée entre les plans parallèles conduits par les droites ZN, HM, et entre les surfaces des cônes ZNX, HMX, est égal à un cône qui a une base égale à la surface conique comprise entre les plans parallèles conduits par les droites ZN, HM, et pour hauteur une droite égale à la perpendiculaire menée du point X sur la droite ZH, ainsi que cela a été démontré (21). De plus le reste de cône terminé par la surface conique comprise entre les plans parallèles menés par les droites HM, BΔ, entre la surface du cône HMX et entre le cercle décrit autour du diamètre BΔ, est égal à un cône qui a une base égale à la surface conique comprise entre les plans parallèles menés par les droites HM, BΔ, et une hauteur égale à la perpendiculaire menée du point C sur la droite BH (20). Dans l'autre hémisphère, on aura pareillement un rhombe XKΓI, et autant de restes de cônes que dans le premier hémisphère, et ce rhombe et ces restes de cônes seront égaux, chacun à chacun, aux cônes dont nous venons de parler. Il est donc évident que la figure totale inscrite dans la sphère est égale à la somme de tous les cônes dont nous venons de parler. Mais la somme de ces cônes est égale au cône P, parce que le cône P a une hauteur égale à la hauteur de chacun des cônes dont nous venons de parler; et une base égale à la somme de leurs bases. Il est donc évident que la figure inscrite dans la sphère est égale au cône P.

PROPOSITION XXVIII.

Une figure inscrite dans une sphère et terminée par des surfaces coniques, est plus petite quelle quadruple d'un cône qui a une base égale à un grand cercle de cette sphère, et une hauteur égale à un rayon de cette même sphère.

En effet, que P soit un cône égal à la figure inscrite ; c'est-à-dire que ce cône ait une base égale à la surface de la figure inscrite et une hauteur égale à la droite menée du centre du cercle sur un des côtés du polygone inscrit. Soit aussi un cône Ξ, qui ait une base égale au cercle ABΓΔ et une hauteur égale au rayon du cercle ABΓΔ.

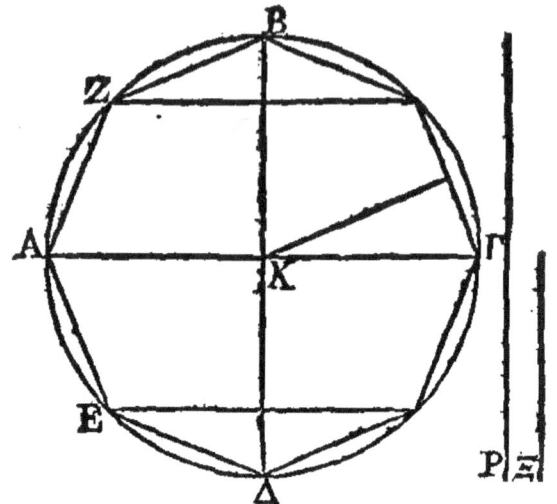

Puisque le cône P a une base égale à la surface de la figure inscrite dans la sphère et une hauteur égale à la perpendiculaire menée du point Υ sur le côté ΑΖ, et puisqu'il a été démontré que la surface de la figure inscrite est plus petite que le quadruple d'un grand cercle d'une sphère (26), la base du cône P est plus petite que le quadruple de la base du cône Ξ. Mais la hauteur du cône P est plus petite que la hauteur du cône Ξ ; donc, puisque le cône P a une base plus petite que le quadruple de la base du cône Ξ, et une hauteur plus petite que celle du cône Ξ, il est évident que le cône P est plus petit que le quadruple du cône Ξ. Mais le cône P est égal à la figure inscrite (27) ; donc la figure inscrite est plus petite que le quadruple du cône Ξ.

PROPOSITION XXIX,

Que ΑΒΓΔ soit un grand cercle d'une sphère. Circonscrivons à ce cercle un polygone équiangle et équilatère ; que le nombre des côtés de ce polygone soit divisible par quatre. Circonscrivons un cercle au polygone circonscrit Le centre du cercle circonscrit sera le même que le centre du cercle ΑΒΓΔ. Si le diamètre ΕΗ restant immobile, le plan du polygone EZHΘ et le cercle ABΓΔ font une révolution, il est évident que la circonférence du cercle ABΓΔ se mouvra selon la surface de la sphère, et que la circonférence du cercle EZHΘ décrira la surface d'une autre sphère qui aura le même centre que la plus petite. Les points de contact des côtés du polygone décriront dans la surface de la plus petite sphère des cercles perpendiculaires sur le cercle ABΓΔ ; les angles du polygone, excepté les angles placés aux points E, H, décriront des circonférences de cercle dans la surface de la plus grande sphère, dont les plans seront perpendiculaires sur le cercle EZHΘ ; et les côtés du polygone décriront des surfaces coniques comme dans le théorème précédent.

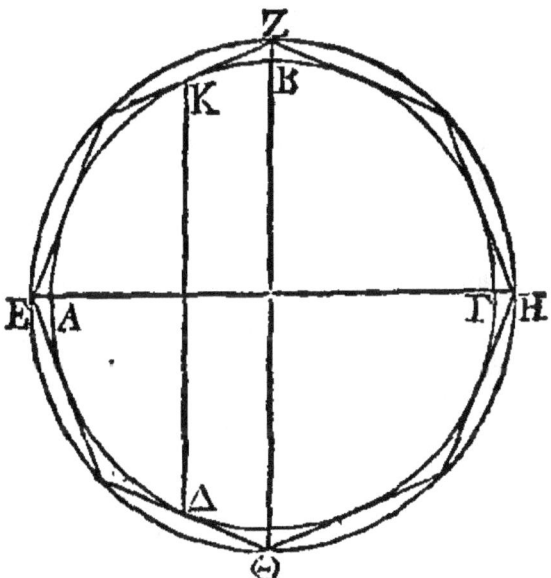

Il est donc évident qu'une figure terminée par des surfaces coniques sera circonscrite à la petite sphère et inscrite dans la grande. Nous démontrerons de la manière suivante, que la surface de la figure circonscrite est plus grande que la surface de la sphère. Que KΔ soit le diamètre d'un des cercles de la petite sphère, et K, Δ les points où deux côtés du polygone circonscrit touchent le cercle ABΓΔ. La sphère étant partagée en deux parties par un plan conduit par la droite KΔ et perpendiculaire sur lecercle ABΓΔ, la surface de la figure circonscrite à la sphère sera aussi partagée en deux parties par le même plan. Or il est évident que les surfaces obtenues de cette manière ont les mêmes limites dans un même plan, car la limite de l'une et de l'autre est la circonférence du cercle qui est décrit autour du diamètre KΔ et qui est perpendiculaire sur le cercle ABΓΔ ; et de plus l'une et l'autre de ces surfaces sont concaves du même côté, et l'une est comprise par l'autre et par un plan qui a les mêmes limites que cette autre (*Princ.* 4). Donc la surface du segment sphérique qui est comprise est plus petite que la surface de la figure circonscrite à ce même segment. Semblablement, la surface de l'autre segment sphérique est aussi plus petite que la surface de la figure circonscrite à ce même segment. Il est donc évident que la surface totale d'une sphère est plus petite que la surface de la figure circonscrite à cette sphère.

PROPOSITION XXX.

La surface d'une figure circonscrite à une sphère est égale à un cercle dont le carré du rayon est égal à la surface comprise sous un des côtés .du polygone, et sous une droite égale à la somme des droites qui joignent les angles du polygone et qui sont parallèles à une de celles qui sous-tendent deux côtés du polygone.

En effet, la figure circonscrite à la petite sphère est inscrite dans la grande. Mais on a démontré que la surface de la figure inscrite dans la sphère et terminée par des surfaces coniques est égale à un cercle dont le carré du rayon est égal à la surface comprise sous un des côtés du polygone et sous une droite égale à la somme des droites qui joignent les angles du polygone et qui sont parallèles à une des droites qui sous-tendent deux côtés du polygone (25), Donc ce qui a été proposé plus haut est évident.

PROPOSITION XXXI.

La surface de la figure circonscrite à une sphère est plus grande que le quadruple d'un grand cercle de cette sphère.

Soient une sphère et un grand cercle, et que le reste soit comme dans les théorèmes précédents. Que le cercle A soit égal à la surface de la figure proposée qui est circonscrite à la petite sphère.

Puisqu'on a inscrit dans le cercle EZHΘ un polygone équilatère dont le nombre des angles est pair, la somme des parallèles au diamètre ΘZ, qui joignent les angles du polygone est à ΘZ comme KΘ est à KZ. Donc la surface comprise sous un côté du polygone et sous une droite égale à la somme des droites qui joignent les angles du polygone, est égale à la surface comprise sous ZΘ, ΘK. Donc le carré du rayon du cercle Λ est égal à la surface comprise sous ZΘ, ΘK (25). Donc le rayon du cercle Λ est plus grand que ΘK. Mais la droite ΘK est égale au diamètre du cercle ΑΒΓΔ (α) puisque ΘK est double de XΣ qui est le rayon du cercle ΑΒΓΔ. Il est donc évident que le cercle Λ, c'est-à-dire la surface de la figure circonscrite à une sphère, est plus grand que le quadruple d'un grand cercle de cette sphère.

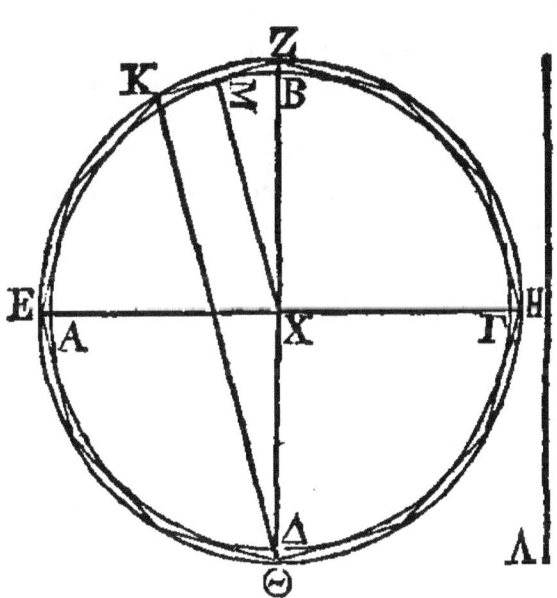

PROPOSITION XXXII.

La figure circonscrite à la petite sphère est égale à un cône qui a pour base un cercle égal à la surface de cette figure, et pour hauteur une droite égale au rayon de cette sphère.

En effet, la figure circonscrite à la petite sphère est inscrite dans la plus grande. Or on a démontré qu'une figure inscrite et terminée par des surfaces coniques est égale à un cône' qui a pour base un cercle égal à la surface de cette figure, et pour hauteur une droite égale à la perpendiculaire menée du centre de la sphère sur le côté du polygone; et cette perpendiculaire est égale au rayon de la petite sphère (27). Donc ce qui a été posé plus haut est évident.

PROPOSITION XXXIII.

Il suit de-là que la figure circonscrite à la petite sphère est plus grande que le quadruple d'un cône qui a pour base un cercle égal à un grand cercle de cette sphère, et pour hauteur une droite égale au rayon de cette même sphère.

En effet, puisque cette figure est égale à un cône qui a une base égale à la surface de cette même figure, et une hauteur égale à la perpendiculaire menée du centre sur le côté du polygone, c'est-à-dire au rayon de la petite sphère (32), et que la surface de la figure circonscrite à une sphère est plus grande que quatre grands cercles (3&), la figure circonscrite à la petite sphère est plus grande que le quadruple d'un cône qui a pour base un grand cercle de cette sphère, et pour hauteur un rayon de cette même sphère; car cette figure est égale à un cône plus grand que le quadruple du cône dont nous venons de parler, puisque le premier a une base plus grande que le quadruple de la base du second et une hauteur égale.

PROPOSITION XXXIV.

Si l'on inscrit une figure dans une sphère, et si on lui en circonscrit une autre; et si l'on fait faire une révolution aux polygones semblables qui ont été construits plus haut, la raison de la surface de la figure circonscrite à la surface de la figure inscrite, sera doublée de la raison du côté du polygone qui est circonscrit à un grand cercle à un des côtés du polygone qui est inscrit dans ce même cercle ; et la raison de la figure circonscrite à la figure inscrite sera triplée de la raison du côté du polygone circonscrit au côté du polygone inscrit.

Que ABΓΔ soit un grand cercle d'une sphère; inscrivons dans ce cercle un polygone équilatère dont le nombre des côtés soit divisible par quatre. Circonscrivons à ce même cercle un autre polygone semblable au premier; que les côtés du polygone circonscrit soient tangents aux milieux des arcs sous-tendus par les côtés du polygone inscrit; que les droites EH, ΘZ soient deux diamètres du cercle qui comprend le polygone circonscrit ; que ces diamètres se coupent à angles droits et soient placés de la même manière que les diamètres AΓ, BΔ ; et concevons qu'on ait joint les angles opposés du polygone par des droites ; ces droites seront parallèles entre elles et aux droites BZ, ΘΔ.

Cela posé, le diamètre EH restant immobile, si l'on fait faire une révolution aux polygones, les côtés de ces polygones circonscriront une figure à la sphère et lui en inscriront une autre. Il faut démontrer que la raison de la surface de la figure circonscrite à la surface de la figure inscrite est doublée de la raison de EA à AK ; et que la raison de la figure circonscrite à la figure inscrite est triplée de la, raison de EA à AK.

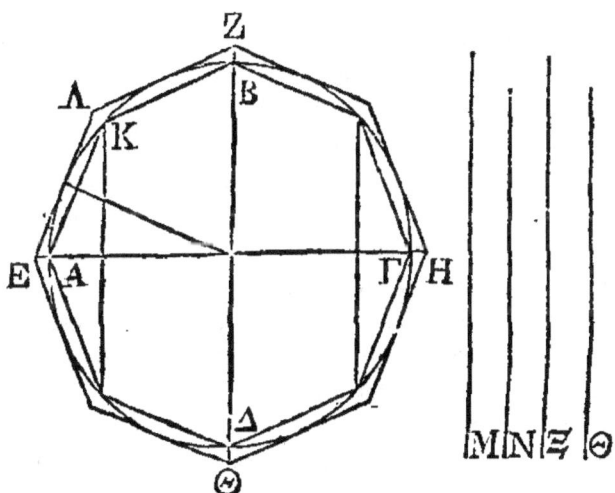

Que M soit un cercle égal à la surface de la figure circonscrite à la sphère, et N un cercle égal à la surface de la figure inscrite. Le carré du rayon du cercle M est égal à la surface comprise sous la droite EΛ et sous une droite égale à la somme des droites qui joignent les angles du polygone circonscrit (36) ; et le carré du rayon du cercle N est égal à la surface comprise sous la droite AK et sous une droite égale à la somme des droites qui joignent les angles

LIVRE PREMIER.

du polygone inscrit (25). Mais les polygones circonscrits et inscrits sont semblables ; il est donc évident que les surfaces comprises sous les droites dont nous venons de parler, c'est-à-dire les surfaces comprises sous les sommes des droites qui joignent les angles des polygones et sous les côtés de ces mêmes polygones, sont des figures semblables entre elles (α). Donc ces figures sont entre elles comme les carrés des côtés des polygones. Mais les surfaces qui sont comprises sous les droites dont nous venons de parler, sont entre elles comme les carrés des rayons des cercles M, N. Donc les diamètres des cercles M, N sont entre eux comme les côtés des polygones. Mais les cercles M, N sont entre eux en raison doublée de leurs diamètres; et ces cercles sont égaux aux surfaces des figures Circonscrites et inscrites. Il est donc évident que la raison de la surface de la figure qui est circonscrite à la sphère à la surface de la figure inscrite est doublée de la raison du côté EΛ au côté AK.

Soient maintenant deux cônes O, Ξ. Que le cône Ξ ait une base égale au cercle M, et le cône O une base égale au cercle M ; que le cône Ξ ait une hauteur égale au rayon de la sphère, et que le cône O ait une hauteur égale à la perpendiculaire menée du centre de la sphère sur le côté AK. D'après ce qui a été démontré, le cône Ξ est égal à la figure circonscrite(32), et le cône O égal à la figure inscrite (27). Mais les polygones sont semblables ; donc le côté EΛ est au côté AK comme le rayon de la sphère est à la perpendiculaire menée du centre de la sphère sur le côté AK. Donc la hauteur du cône Ξ est à la hauteur du cône O comme EΛ est à AK. Mais le diamètre du cercle M est au diamètre du cercle N comme EΛ est à AK ; donc les diamètres des bases des cônes Ξ,O sont proportionnels à leurs hauteurs ; donc ces cônes sont semblables. Donc les cônes, Ξ, O sont entre eux en raison triplée des diamètres des cercles M, N. Il est donc évident que la raison de la figure circonscrite à la figure inscrite est triplée de la raison du côté EΛ au côté AK.

PROPOSITION XXXV.

La surface d'une sphère quelconque est quadruple d'un de ses grands cercles.

Soit une sphère quelconque; que A soit un cercle quadruple d'un des grands cercles de cette sphère. Je dis que le cercle A est égal à la surface de cette sphère.

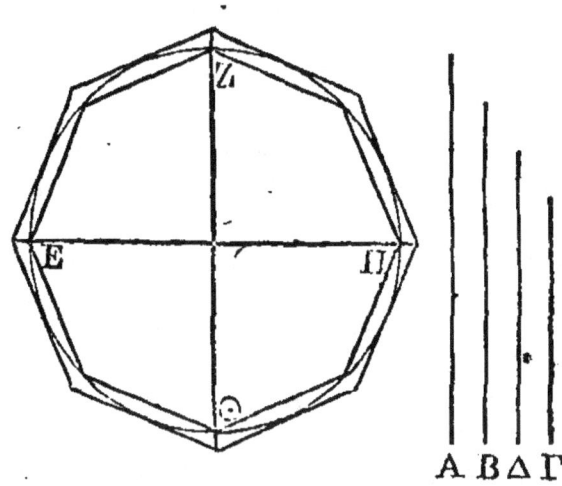

Car, si le cercle A n'est pas égal à la surface de la sphère, il est ou plus grand ou plus petit. Supposons d'abord que la surface de la sphère soit plus grande que le cercle A. Puisqu'on a deux quantités inégales, la surface de la sphère et le cercle A, on peut prendre deux droites inégales de manière que la raison de la plus grande à la plus petite soit moindre que la raison de la surface de la sphère au cercle A (3). Prenons les droites B, Γ, et que la droite Δ soit moyenne proportionnelle entre les droites B, Γ. Concevons que la sphère soit coupée par un plan conduit par son centre, selon le cercle EZHΘ. Inscrivons un polygone dans ce cercle, et circonscrivons-lui en un autre de manière que le polygone circonscrit soit semblable au polygone inscrit; et que la raison du côté du polygone circonscrit au côté du polygone inscrit soit moindre que la raison de la droite B à la droite Δ (4). Il est évident que la raison doublée du côté du premier polygone au côté du second polygone sera encore moindre que la raison doublée de la droite B à la droite Δ. Mais la raison de B à Γ est doublée de la raison de B à Δ, et la raison de la surface du solide circonscrit à la sphère à la surface du solide inscrit est doublée de la raison du côté du polygone circonscrit au côté du polygone inscrit (34). Donc la raison de la surface de la figure qui est circonscrite à la sphère à la

LIVRE PREMIER.

surface de la figure inscrite est moindre que la raison de la surface de la sphère au cercle A (α), ce qui est absurde. En effet, la surface de la figure circonscrite est plus grande que la surface de la sphère, et la surface de la figure inscrite est au contraire plus petite que celle du cercle A ; car on a démontré que la surface de la figure inscrite est plus petite que quatre grands cercles d'une sphère (26), et par conséquent plus petite que le cercle A qui est égal à quatre grands cercles. Donc la surface d'une sphère n'est pas plus grande que le cercle A.

Je dis maintenant que la surface de la sphère n'est pas plus petite que le cercle A. Supposons, si cela est possible, qu'elle soit plus petite. Cherchons pareillement deux droites B, Γ, de manière que la raison de B à Γ soit moindre que la raison du cercle A à la surface de la sphère (5), et que la droite A soit moyenne proportionnelle entre B, Γ. Inscrivons dans le cercle EΘHZ un polygone et circonscrivons-lui un autre polygone, de manière que la raison du côté du polygone circonscrit au côté du polygone inscrit soit moindre que la raison de B à A (4). La raison doublée du côté du polygone circonscrit à un côté du polygone inscrit sera encore moindre que la raison doublée de B à A. Donc la raison de la surface de la figure circonscrite à la surface de la figure inscrite est moindre que la raison da cercle A à la surface de la sphère ce qui est absurde. En effet, la surface de la figure circonscrite est plus grande que le cercle A (31), tandis que la surface de la figure inscrite est plus petite que la surface de la sphère. Donc la surface d'une sphère n'est pas plus petite que le cercle A. Mais nous avons démontré qu'elle n'est pas plus grande. Donc la surface d'une sphère est égale au cercle A c'est-à-dire à quatre grands cercles.

PROPOSITION XXXVI.

Une sphère quelconque est quadruple d'un cône qui a une base égale à un grand cercle de cette sphère et une hauteur égale au rayon de cette même sphère.

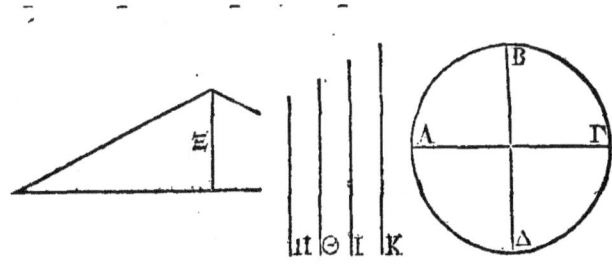

Soit une sphère quelconque; et que ΑΒΓΔ soit un de ses grands cercles. Que cette sphère ne soit pas le quadruple du cône dont nous venons de parler ; et supposons, si cela est possible, qu'elle soit plus grande que le quadruple de ce cône. Soit Ξ un cône qui ait une base quadruple du cercle ΑΒΓΔ, et une hauteur égale au rayon de la sphère ; la sphère sera plus grande que le cône Ξ. Nous aurons donc deux quantités inégales, la sphère et ce cône. Nous pourrons donc prendre deux droites telles que la raison de la plus grande à la plus petite soit moindre que la raison de la sphère au cône Ξ (3). Que ces droites soient K, H. Prenons deux autres droites, de manière que K surpasse I de la même quantité, que I surpasse Θ, et que Θ surpasse H. Concevons que l'on ait inscrit dans le cercle ΑΒΓΔ un polygone dont le nombre des côtés soit divisible par quatre, et qu'on ait circonscrit à ce même cercle un polygone semblable au polygone inscrit, comme dans les théorèmes précédents. Que la raison du côté du polygone circonscrit au côté du polygone inscrit soit moindre que la raison de K à I (4) ; et que les diamètres ΑΙ, ΒΔ se coupent entre eux à angles droits. Si le diamètre ΑΓ restant immobile, on fait faire une révolution au plan des polygones, on inscrira une figure dans la sphère et on lui en circonscrira une autre ; et la raison de la figure circonscrite à la figure inscrite sera triplée de la raison du côté du polygone qui est circonscrit au cercle ΑΒΓΔ au côté du polygone qui lui est inscrit. Mais la raison du côté du polygone circonscrit au côté du polygone inscrit est moindre que la raison de K à I ; donc la raison de la figure circonscrite à la figure inscrite est moindre que la raison triplée de K à I. Mais la raison de K à H est plus grande que la raison triplée de K à I ; car cela suit évidemment des lemmes (α). Donc la raison de la figure circonscrite à la figure inscrite est encore moindre que la raison de K à H. Mais la raison de K à H est moindre que la raison de la sphère au cône Ξ et par permutation ….. (β) ce qui ne peut être. En effet, la figure circonscrite est plus grande que la sphère, et la figure inscrite est plus petite que le cône Ξ, à cause que le cône Ξ est quadruple d'un cône qui a une base égale au cercle ΑΒΓΔ, et une hauteur égale au rayon de la sphère. Mais la figure inscrite est moindre que le quadruple du cône dont nous venons de parler (28). Donc la sphère n'est pas plus grande que le quadruple du cône dont nous venons de parler.

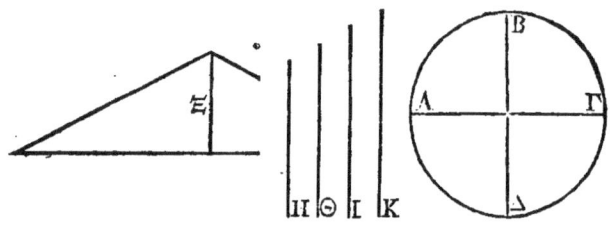

Supposons, si cela est possible, que la sphère soit plus petite que le quadruple du cône dont nous avons parlé. Prenons les droites K, H, de manière que la droite K étant plus grande que la droite H, la raison de K à H soit moindre que la raison du cône Ξ à la sphère. Soient encore les deux droites Θ, I, comme dans la première partie du théorème. Concevons que l'on ait inscrit un polygone dans le cercle ΑΒΓΔ et qu'on lui en ait circonscrit un autre, de manière que la raison du côté du polygone circonscrit au côté du polygone inscrit soit moindre que la raison de K à I (4). Que le reste soit construit de la même manière qu'on l'a fait plus haut. La raison de la figure solide circonscrite à la figure inscrite sera triplée de la raison du côté du polygone circonscrit au cercle ΑΒΓΔ au côté du polygone inscrit dans ce même cercle. Mais la raison du côté du premier polygone au côté du second polygone est moindre que la raison de K à I ; donc la raison de la figure circonscrite à la figure inscrite est moindre que la raison triplée de K à I ; Mais la raison de K à H est plus grande que la raison triplée de K à I ; donc la raison de la figure circonscrite à la figure inscrite est moindre que la raison de K à H. Mais la raison de K à H est moindre que la raison du cône Ξ à la sphère (α), ce qui est impossible. Car la figure inscrite est plus petite que la sphère, tandis que la figure circonscrite est plus grande que le cône Ξ (33). Donc la sphère n'est pas plus petite que le quadruple du cône qui a une base égale au cercle ΑΒΓΔ, et une hauteur égale au rayon de la sphère. Mais on a démontré que la sphère n'est pas plus grande ; donc la sphère est quadruple de ce cône.

PROPOSITION XXXVII.

Ces choses étant démontrées, il est évident que tout cylindre qui a une base égale à un grand cercle d'une sphère et une hauteur égale au diamètre de cette sphère, est égal à trois fois la moitié de cette sphère, et que la surface de ce cylindre, les bases étant comprises, est aussi égale à trois fois la moitié de la surface de cette même sphère.

Car le cylindre dont nous venons de parler est le sextuple d'un cône qui a la même base que ce cylindre et une hauteur égale au rayon de la sphère. Mais la sphère est le quadruple de ce cône ; il est donc évident que le cylindre est égal à trois fois la moitié de la sphère.

De plus, puisque l'on a démontré que la surface d'un cylindre, les bases exceptées, est égale à un cercle dont le rayon est moyen proportionnel entre le côté du cylindre et le diamètre de sa base (14), et que le côté du cylindre dont nous venons de parler est égal au diamètre de sa base, à cause que ce cylindre est circonscrit à une sphère ; il est évident que cette moyenne proportionnelle est égale au diamètre de la base. Mais le cercle qui a un rayon égal au diamètre de la base du cylindre est le quadruple de la base du cylindre, c'est-à-dire le quadruple d'un grand cercle de la sphère ; donc la surface du cylindre, ses bases exceptées, est le quadruple d'un grand cercle de la sphère. Donc la surface totale du cylindre, avec les bases, est le sextuple d'un grand cercle. Mais la surface de la sphère est le quadruple d'un grand cercle ; donc la surface totale du cylindre est égale à trois fois la moitié de la surface de la Sphère.

PROPOSITION XXXVIII.

La surface d'une figure inscrite dans un segment sphérique est égale à un cercle dont le carré du rayon est égal à la surface comprise sous le côté du polygone inscrit dans le segment d'un grand cercle, et sous la somme des droites parallèles à la base du segment, réunie avec la moitié de la base du segment.

Soit une sphère, et dans cette sphère un segment qui ait pour base le cercle décrit autour du diamètre AH. Inscrivons dans ce segment une figure terminée par des surfaces coniques ainsi que nous l'avons dit. Que AHΘ soit un grand cercle, et AΓEΘZΔH un polygone dont les côtés, excepté le côté AH, soient pairs en nombre. Prenons un cercle Λ dont le carré du rayon soit égal à la surface comprise sous le côté AΓ et sous la somme des droites EZ, ΓΔ, réunie avec la moitié de la base, c'est-à-dire AK. Il faut démontrer que le cercle Λ est égal à la surface de la figure inscrite.

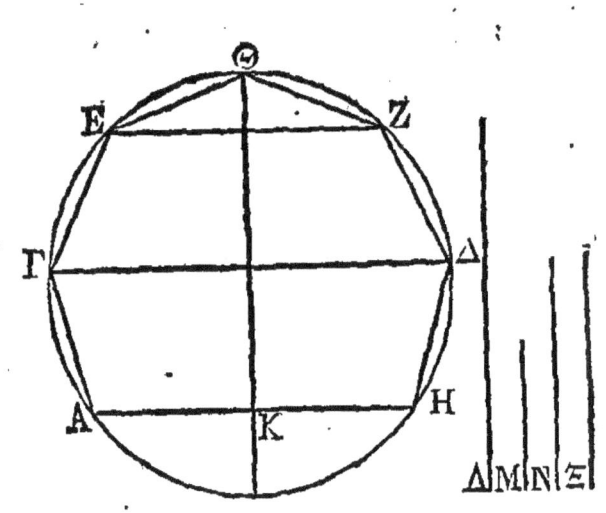

Prenons un cercle M dont le carré du rayon soit égal à la surface comprise sous le côté EΘ et sous la moitié de EZ ; ce cercle sera égal à la surface du cône, dont la base est le cercle décrit autour du diamètre EZ, et dont le Sommet est le point Θ (15). Prenons un autre cercle N dont le carré du rayon soit égal à la surface comprise sous EΓ, et sous la moitié de la somme des droites EZ, ΓΔ (17); ce cercle sera égal à la surface du cône comprise entre les plans parallèles conduits par les droites EZ, ΓΔ. Prenons semblablement un autre cercle Ξ dont le carré du rayon soit égal à la surface comprise sous AΓ et sous la moitié de la somme des droites ΓΔ, AH. Ce cercle sera aussi égal à la surface du cône comprise entre les plans parallèles conduits par les droites AH, ΓΔ. La somme de ces cercles sera donc égale à la surface totale de la figure inscrite dans le segment ; et la somme des carrés de leurs rayons sera égale à la surface comprise sous un côté AΓ et sous la somme des droites EZ, ΓΔ, réunie avec la moitié de la base AK. Mais le carré du rayon Λ était aussi égal à cette surface ; donc le cercle Λ est égal à la somme des cercles M, N, Ξ. Donc le cercle Λ est égal à la surface de la figure inscrite dans le segment.

PROPOSITION XXXIX.

Qu'une sphère soit coupée par un plan qui ne passe pas par son centre; et que AEZ soit un grand cercle de cette sphère, perpendiculaire sur le plan qui le coupe. Inscrivons dans le segment ABΓ un polygone dont les côtés, excepté la base AB, soient égaux et pairs en nombre. Si, comme dans les théorèmes précédents, le diamètre ΓZ restant immobile, on fait faire une révolution au polygone, les angles Δ, E, Λ, B décriront les circonférences des cercles, dont les diamètres sont ΔE, AB ; et les côtés du polygone décriront des surfaces coniques. De cette manière il sera produit une figuré solide terminée par des surfaces coniques, ayant pour base le cercle décrit autour du diamètre AB et pour sommet le point Γ. Cette figure, ainsi que dans les théorèmes précédents, aura une surface plus petite que la surface du segment dans lequel cette figure est comprise, parce que la circonférence du cercle décrit autour du diamètre AB est la limite du segment et de la figure inscrite; que chacune de ces deux surfaces est concave du même côté, et que l'une est comprise par l'autre (*Princ.* 4).

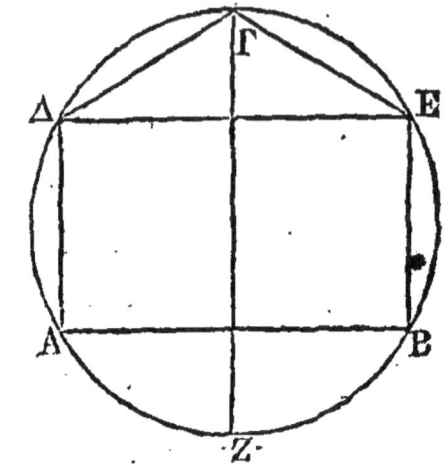

PROPOSITION XL.

La surface de la figure inscrite dans un segment de sphère est plus petite qu'un cercle dont le rayon est égal à la droite menée du sommet du segment à la circonférence du cercle qui est la base du segment.

Soit une sphère ; et que ABZE soit un de ses grands cercles. Soit dans cette sphère un segment qui ait pour -base le cercle décrit autour du diamètre AB. Inscrivons dans ce segment la figure dont nous venons de parler. Dans le segment du cercle décrivons un polygone, et faisons le reste comme nous l'avons fait plus haut Menons le diamètre de la sphère AΘ, et les droites ΛE, ΘA. Soit M un cercle qui ait un rayon égal à la droite AΘ. Il faut démontrer que le cercle M est plus grand que la surface de la figure inscrite.

En effet, nous avons démontré que la surface de la figure inscrite est .égale à un cercle dont le carré du rayon est égal à la surface comprise sous EΘ, et sous la somme des droites EZ, ΓΔ, KA (38). Nous avons encore démontré que la surface comprise sous EΘ et sous la somme des droites EZ, ΓΔ, KA est égale à la surface comprise sous les droites EA, KΘ (23). Mais la surface comprise sous EA, KΘ, est plus petite que le carré construit sur AΘ, parce que la surface comprise sous ΛΘ, ΘK est égale au carré construit sur AΘ. Il est donc évident que le rayon du cercle qui est égal à la surface de la figure inscrite est plus petit que le rayon du cercle M ; d'où il suit que le cercle M est plus grand que la surface de la figure inscrite.

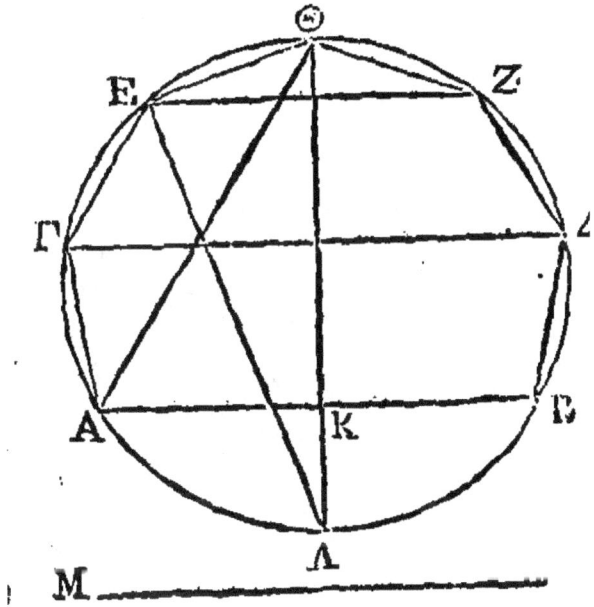

PROPOSITION XLI.

La figure inscrite dans un segment et terminée par des surfaces coniques, avec le cône qui a la même base que la figure inscrite, et qui a son sommet au centre de la sphère, est égale à un cône qui a une base égale à la surface de la figure inscrite, et une hauteur égale à la perpendiculaire menée du centre de la sphère sur le côté du polygone.

Soient une sphère et un grand cercle de cette sphère. Que ABΓ soit un segment plus petit que le demi-cercle. Que le point E soit le centre. Dans le segment ABΓ inscrivons, comme dans les théorèmes précédents, un polygone dont les côtés, excepté le côté

ΑΓ, soient égaux entre eux. Si ΒΕ restant immobile, on fait faire une révolution à la sphère, elle engendrera une figure terminée par des surfaces coniques. Que le cercle décrit autour des diamètres ΑΓ soit la base d'un cône qui ait son sommet au centre de la sphère. Prenons un cône Κ, qui ait une base égale à la surface de la figure inscrite et une hauteur égale à la perpendiculaire menée du centre Ε sur un des côtés du polygone. Il faut démontrer que le cône Κ est égal à la figure dont nous venons de parler, réunie au cône ΑΕΓ.

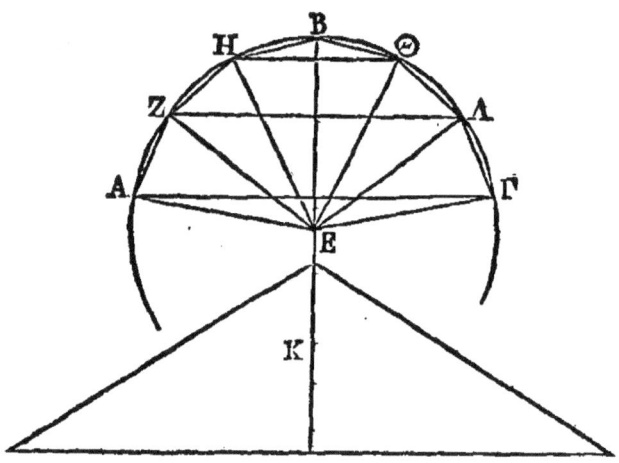

Sur les cercles qui ont pour diamètres les droites ΗΘ, ΖΛ, construisons deux cônes qui aient leurs sommets au point Ε. Le rhombe solide ΗΒΘΕ est égal à un cône qui a une base égale à la surface du cône ΗΒΘ, et une hauteur égale à la perpendiculaire menée du point Ε sur ΗΒ (19). Le reste qui est terminé par la surface comprise entre les plans parallèles conduits par les droites ΗΘ, ΖΛ, et par les surfaces coniques ΖΕΛ, ΗΕΘ, est égal à un cône qui a une base égale à la surface comprise entre les plans parallèles conduits par les droites ΗΘ, ΖΛ, et une hauteur égale à la perpendiculaire menée du point Ε sur ΖΗ (20); et enfin le reste qui est terminé par la surface comprise entre les plans parallèles conduits par les droites ΖΛ, ΑΓ, et par les surfaces coniques ΑΕΓ, ΖΕΛ est égal à un cône qui a une base égale à la surface comprise entre les plans parallèles conduits par les droites ZΛ, ΑΓ ; et une hauteur égale à la perpendiculaire menée du point E sur ZΛ. Donc la somme des cônes dont nous venons de parler est égale à la figure inscrite, réunie au cône ΑΕΓ. Mais tous ces cônes ont une hauteur égale à la perpendiculaire menée du point E sur un des côtés du polygone, et la somme de leurs bases est égale à la surface de la figure ΑΖΗΒΘΛΓ ; et de plus le cône K a la même hauteur, et sa base est égale à la surface de la figure inscrite. Donc le cône K est égal à la somme des cônes dont nous venons de parler. Mais nous avons démontré que la somme des cônes dont nous venons de parler est égale à la figure inscrite, réunie au cône ΑΕΓ. Donc le cône K est égal à la figure inscrite, réunie au cône ΕΑΓ.

Il suit manifestement de là que le cône qui a pour base un cercle dont le rayon est égal à la droite menée du sommet du segment à la circonférence du cercle qui est la base du segment, et une hauteur égale au rayon de la sphère, est plus grand que la figure inscrite, réunie au cône ΑΕΓ. En effet, le cône dont nous venons de parler est plus grand qu'un cône égal à la figure inscrite, réunie au cône qui a la même base que le segment et dont le sommet est le centre de la sphère, c'est-à-dire plus grand qu'un cône qui a une base égale à la surface de la figure inscrite et une hauteur égale à la perpendiculaire menée du centre sur le côté du polygone ; car nous avons démontré que la base du premier est plus grande que la base du second (50) ; et la hauteur du premier est plus grande que la hauteur du second.

PROPOSITION XLII.

Soit une sphère ; que ΑΒΓ soit un de ses grands cercles ; que la droite AB coupe un segment plus petit que la moitié de ce cercle ; que le point Δ soit le centre du cercle ΑΒΓ ; et du centre Δ aux points A, B menons les droites ΑΔ, ΔB. Circonscrivons un polygone au secteur produit par cette construction, et circonscrivons aussi un cercle à ce polygone. Ce cercle aura certainement le même centre que le cercle ΑΒΓ. Si le diamètre EK restant immobile, nous faisons faire une révolution au polygone, le cercle circonscrit décrira la surface d'une sphère ; les angles du polygone décriront des cercles dont les diamètres sont des droites qui étant parallèles à AB, joignent les angles du polygone; les points où les côtés du polygone touchent le plus petit cercle, décriront dans la petite sphère des cercles dont les diamètres sont des droites qui étant parallèles à AB, joignent les points de contact ; et les côtés du polygone décriront des surfaces coniques. De cette manière on circonscrira une figure terminée par des surfaces coniques dont la base sera le cercle décrit autour du diamètre ZH. La surface de la figure dont nous venons de parler est plus grande que la surface du petit segment sphérique dont la base est le cercle décrit autour du diamètre AB.

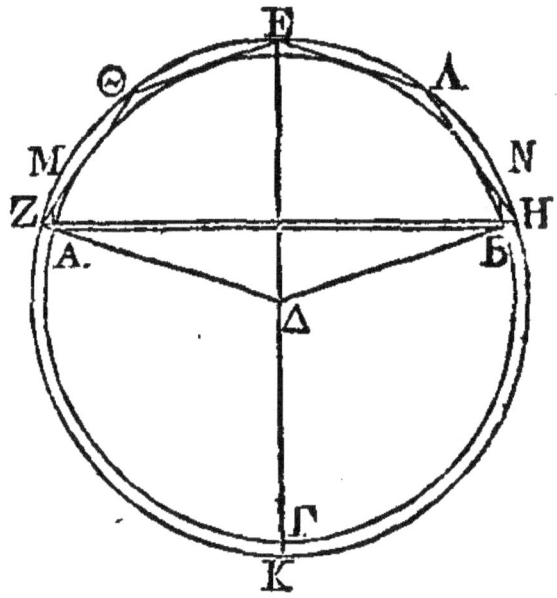

En effet, menons les tangentes AM, BN ; ces tangentes décriront une surface conique, et la figure produite par la révolution du polygone AMΘEΛNB aura une surface plus grande que la surface du segment sphérique dont la base est le cercle décrit autour du diamètre AB, parce que ces deux surfaces ont pour limite, dans un seul et même plan, le cercle décrit autour du diamètre AB, et que le segment est compris par la figure. Or la surface conique engendrée par les droites ZM, HN est plus grande que la surface conique engendrée par MA, NB ; parce que la droite ZM est plus grande que la droite MA comme étant opposée à un angle droit, et que la droite NH est aussi plus grande que la droite NB : mais lorsque cela arrive, une des surfaces engendrées est plus grande que l'autre (α), ainsi que cela a été démontré dans les lemmes. Il est donc évident que la surface circonscrite est plus grande que la surface du segment de la petite sphère.

PROPOSITION XLIII.

Il suit manifestement du théorème qui précède, que la surface de la figure circonscrite à un secteur sphérique est égale à un cercle dont le carré du rayon est égal à la surface comprise sous un côté du polygone et sous la somme des droites qui joignent les angles du polygone, réunie avec la moitié de la base du polygone dont nous venons de parler.

Car la figure qui est circonscrite au secteur est inscrite dans le segment de la plus grande sphère. Cela est évident d'après ce que nous avons dit plus haut (38).

PROPOSITION XLIV.

La surface d'une figure circonscrite à un segment sphérique est plus grande que le cercle dont le rayon est égal à la droite menée du sommet du segment à la circonférence du cercle qui est la base du segment.

Soit une sphère; que AΔBΓ soit un de ses grands cercles, et le point E son centre. Circonscrivons au secteur AΔB un polygone ΛZK, et à ce polygone un cercle. Que cette construction engendre une figure, comme plus haut. Soit aussi un cercle N dont le carré du rayon soit égal à la surface comprise sous un des côtés du polygone, et sous la somme des droites qui joignent les angles, réunie à la moitié de la droite KΛ. Or, la surface dont nous venons de parler est égale à la surface comprise sous la droite MΘ, et sous la droite ZH, qui est la hauteur du segment de la plus grande sphère, ainsi que cela a été démontré plus haut (23). Donc le carré du rayon du cercle N est égal à la surface comprise sous MΘ, HZ. Mais la droite HZ est plus grande que la droite ΔΞ, qui est la hauteur du petit segment; car si l'on mène la droite KZ, cette droite sera parallèle à la droite ΔA. Mais la droite AB est aussi parallèle à la droite KΛ, et la droite ZE, est commune ; donc le triangle ZKH est semblable au triangle ΔAΞ. Mais la droite ZK est plus grande que la droite AΔ; donc la droite ZH est plus grande que la droite ΔΞ. De plus, la droite MΘ est égale au diamètre ΓΔ. En effet, joignons les points E, O ; puisque la droite MO est égale à la droite OZ, et la droite ΘE égale à la droite EZ, la droite EO est certainement parallèle à la droite MΘ, Donc la droite MΘ est double de la droite EO. Mais la droite ΓΔ est aussi double de la droite EΘ ; donc la droite MΘ est égale à la droite ΓΔ. Mais la surface comprise sous les droites ΓΔ, ΔΞ est égale au carré construit sur la droite AΔ. Donc la surface de la figure KZΛ est plus grande que le cercle dont le rayon est égal à la droite menée du sommet du segment à la circonférence du cercle qui est la base du segment, c'est-à-dire à la circonférence du cercle décrit autour du diamètre AB ; car le cercle N est égal à la surface de la figure circonscrite au secteur (α).

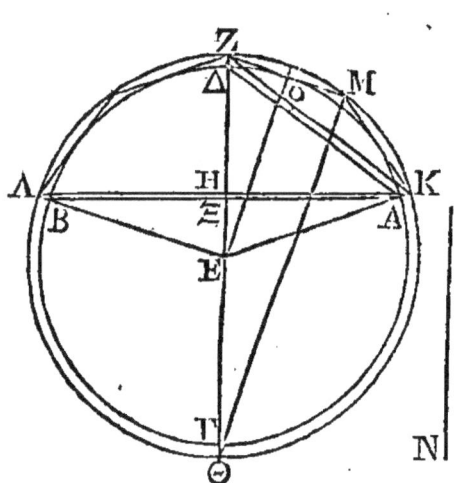

PROPOSITION XLV.

La figure circonscrite à un secteur, avec le cône qui a pour base le cercle décrit autour du diamètre KΛ, et pour sommet le centre de la sphère, est égale à un cône qui a une base égale à la surface de la figure circonscrite, et une hauteur égale à la perpendiculaire menée du centre sur un des côtés du polygone. Il est évident que cette perpendiculaire est égale au rayon de la sphère.

Car la figure circonscrite au secteur est en même temps inscrite dans le segment de la grande sphère, qui a le même centre que la petite. Donc cela est évident d'après ce qui a été dit plus haut (41).

PROPOSITION XLVI.

Il suit du théorème précédent, que la figure circonscrite, avec le cône, est plus grande qu'un cône qui a une base égale à un cercle ayant un rayon égal à la droite menée du sommet du segment de la petite sphère à la circonférence du cercle qui est la base de ce segment, et une hauteur égale au rayon de la sphère.

Car le cône qui sera égal à la figure circonscrite, réunie au cône, aura certainement une base plus grande que le cercle dont nous venons de parler, tandis qu'il aura une hauteur égale au rayon de la petite sphère.

PROPOSITION XLVII.

Soient une sphère et un grand cercle de cette sphère; que le segment ABΓ soit plus petit que la moitié de ce grand cercle, et que le point Δ soit le centre de ce cercle. Inscrivons dans le secteur ABΓ un polygone équiangle; circonscrivons à ce même secteur un polygone semblable au premier, et que les côtés de ces deux polygones soient parallèles. Circonscrivons un cercle au polygone circonscrit. Si, comme dans les théorèmes précédents, la droite ΔB restant immobile, nous faisons faire une révolution à ces cercles, les côtés des polygones engendreront deux figures terminées par des surfaces coniques. Il faut démontrer que la raison de la surface de la figure circonscrite à la surface de la figure inscrite est doublée de la raison du côté du polygone circonscrit au côté du polygone inscrit; et que la raison de ces figures réunies au cône est triplée de la raison de ces mêmes côtés.

Soit M un cercle dont le carré du rayon soit égal à la surface comprise sous le côté du polygone circonscrit, et sous la somme

LIVRE PREMIER.

des droites qui joignent les angles, avec la moitié de la droite EZ. Le cercle M sera égal à la surface de la figure circonscrite. Soit N un autre cercle dont le carré du rayon soit égal à la surface comprise sous le côté du polygone inscrit, et sous la somme des droites qui joignent les angles, avec la moitié de la droite AΓ. Ce cercle sera égal à la surface de la figure inscrite. Mais les surfaces dont nous venons de parler sont entre elles comme le carré décrit sur EK et le carré décrit sur AΛ (α). Donc le polygone circonscrit est au polygone inscrit comme le cercle M est au cercle N. Il est donc évident que la raison de la surface de la figure circonscrite à la surface de la figure inscrite est doublée de la raison de EK à AΛ, c'est-à-dire qu'elle est égale à la raison du polygone circonscrit au polygone inscrit.

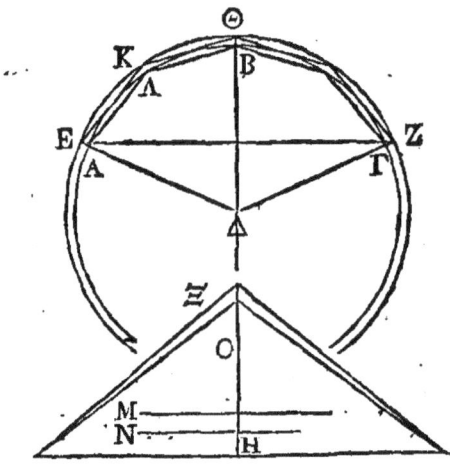

A présent, soit Ξ un cône qui ait une base égale au cercle M, et une hauteur égale au rayon de la petite sphère; ce cône sera égal à la figure circonscrite, réunie au cône qui a pour base le cercle décrit autour du diamètre EZ et pour sommet le point Δ (45). Soit O un autre cône qui ait une base égale au cercle N et une hauteur égale à la perpendiculaire menée du point Δ sur AΛ. Ce cône sera égal à la figure inscrite, réunie au cône qui a pour base le cercle décrit autour du diamètre AΓ, et pour sommet le point Δ, ainsi que cela a été démontré (41). Mais la droite EK est au rayon de la petite sphère comme la droite AΛ est à la perpendiculaire menée du centre Δ sur AΛ ; et il est démontré que EK est à AΛ comme le rayon du cercle M est au rayon du cercle N (β), et comme le diamètre du premier cercle est au diamètre du second. Donc le diamètre du cercle qui est la base du cône Ξ est au diamètre du cercle qui est la base du cône O, comme la hauteur du cône Ξ est à la hauteur du cône O. Donc ces cônes sont semblables; donc la raison du cône Ξ au cône O est triplée de la raison du diamètre de la base du premier au diamètre de la base du second. Il est donc évident que la raison de la figure circonscrite, réunie au cône, à la figure inscrite, réunie au cône, est triplée de la raison EK à AΛ.

PROPOSITION XLVIII.

La surface d'un segment sphérique quelconque plus petit que la moitié de la sphère, est égale à un cercle qui a pour rayon une droite *menée* du sommet du segment à la circonférence du cercle qui est la base du segment.

Soit une sphère ; que ABΓ soit un de ses grands cercles. Soit un segment plus petit que la moitié de cette sphère, qui ait pour base le cercle décrit autour du diamètre AΓ, et perpendiculaire sur le cercle ABΓ. Prenons un cercle Z dont le rayon soit égal à la droite AB. Il faut démontrer que la surface du segment ABΓ est égale à la surface du cercle Z.

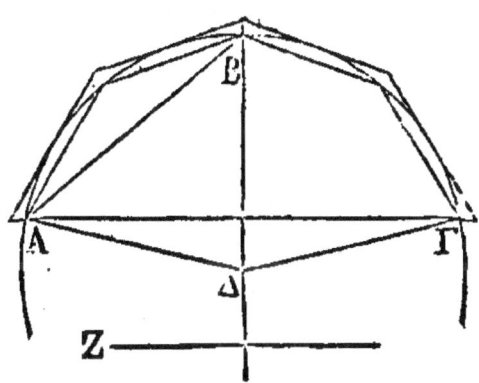

Que la surface de ce segment ne soit point égale au cercle Z ; et supposons d'abord qu'elle soit plus grande. Prenons le centre Δ ; du centre Δ menons des droites aux points A, Γ, et prolongeons ces droites. Puisque l'on a deux quantités inégales, savoir la surface du segment et le cercle Z, inscrivons dans le secteur ABΓ un polygone équilatère et équiangle; et circonscrivons-lui un polygone semblable, de manière que, la raison du polygone circonscrit au polygone inscrit soit moindre que la raison de la surface du segment au cercle Z (6). Ayant fait faire, comme auparavant, une révolution au cercle ABΓ, on aura deux figures terminées par des surfaces coniques, l'une circonscrite et l'autre inscrite ; et la surface de la figure circonscrite sera à la surface de la figure inscrite comme le polygone circonscrit est au polygone inscrit; car chacune de ces raisons est doublée de la raison du côté du polygone circonscrit au polygone inscrit (47). Mais la raison du polygone circonscrit au polygone inscrit est moindre que la raison de la surface du segment dont nous venons de parler au cercle Z (α); et la surface de la figure circonscrite est plus grande que la surface du segment; donc la surface de la figure inscrite est plus grande que le cercle Z. Ce qui ne peut être; car on a démontré que la surface de la figure dont nous venons de parler est moindre que le cercle Z (40).

Supposons à présent que le cercle Z soit plus grand que la surface du segment. Circonscrivons et inscrivons des polygones semblables, de manière que la raison du polygone circonscrit au polygone inscrit soit moindre que la raison du cercle z à la surface du segment …… (β). Donc la surface du segment n'est pas plus petite que le cercle z. Mais on a démontré qu'elle n'est pas plus grande ; donc elle lui est égale.

PROPOSITION XLIX.

Si le segment est plus grand que la moitié de la sphère, sa surface sera encore égale à un cercle dont le rayon est égal à la droite menée du sommet du segment à la circonférence du cercle qui est la base du segment.

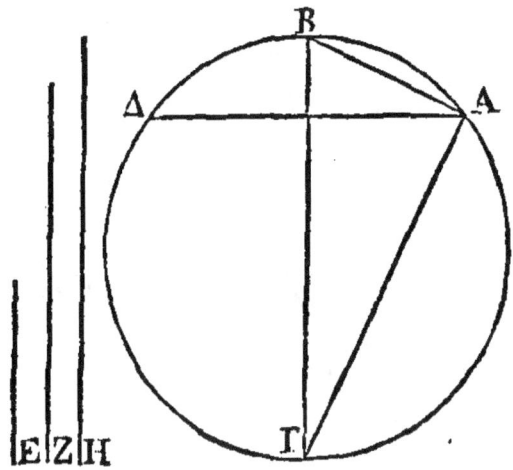

Soient une sphère et un de ses grands cercles; supposons que le cercle ait été coupé par un plan perpendiculaire conduit par la droite AΔ. Que le segment BΔ soit plus petit que la moitié de la sphère ; que le diamètre BΓ soit perpendiculaire sur AΔ; et des points B, Γ menons au point A les droites BA, AΓ. Soit un cercle E qui ait un rayon égal à AB ; soit aussi un cercle Z qui ait un rayon égal à AΓ, et soit enfin un cercle H qui ait un rayon égal à ΓB. Le cercle H est égal à la somme des deux cercles E, Γ. Mais le cercle H est égal à la surface totale de la sphère, parce que chacune de ces surfaces est quadruple du cercle décrit autour du diamètre BΓ ; et le cercle E est égal à la surface du segment ABΔ, ainsi que cela a été démontré pour un segment moindre que la moitié de la sphère (48); donc le cercle restant Z est égal à la surface du segment AΓΔ ; et ce segment est plus grand que la moitié de la sphère.

PROPOSITION L.

Un secteur quelconque d'une sphère est égal à un cône qui a une base égale à la surface du segment sphérique qui est dans le secteur, et une hauteur égale au rayon de cette sphère.

LIVRE PREMIER.

Soit une sphère ; que ABΔ soit un de ses grands cercles. Que le point Γ soit le centre de ce cercle. Soit un cône qui ait pour base un cercle égal à la surface décrite par l'arc ABΔ et pour hauteur une droite égale à BΓ. Il faut démontrer que le secteur ABΓΔ est égal au cône dont nous venons de parler.

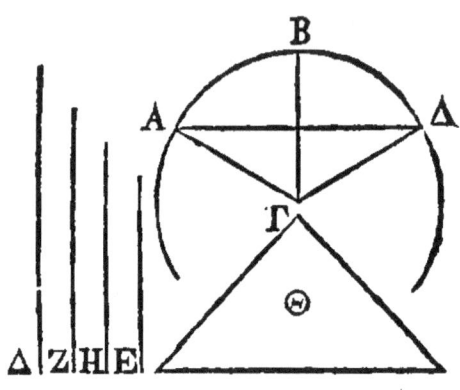

Car si ce secteur n'est pas égal à ce cône, supposons que ce secteur soit plus grand. Que le cône dont nous venons de parler soit Θ. Puisque nous avons deux quantités inégales, le secteur et le cône Θ, cherchons deux droites Δ, E, dont la plus grande soit Δ ; que la raison de Δ à E soit moindre que la raison du secteur à ce cône (5). Prenons ensuite deux droites Z, H, de manière que l'excès de Δ sur Z soit égal à l'excès de Z sur H, et à l'excès de H sur E. Dans le plan du cercle, circonscrivons au secteur un polygone équilatère dont le nombre des angles soit pair, et inscrivons dans ce même secteur un polygone semblable au premier, de manière que la raison du côté du polygone circonscrit au côté du polygone inscrit soit moindre que la raison de Δ à Z (6). Ayant fait faire une révolution au cercle ABΔ, comme dans les théorèmes précédents, on aura deux figures terminées par des surfaces coniques. La raison de la figure circonscrite, avec le cône qui a son sommet au point Γ, à la figure inscrite, avec ce même cône, sera triplée de la raison du côté du polygone circonscrit au côté du polygone inscrit (47). Mais la raison du côté du polygone circonscrit au côté du polygone inscrit est moindre que la raison de Δ à Z ; donc la raison de la figure solide circonscrite dont nous venons de parler à la figure inscrite est moindre que la raison triplée de Δ à Z. Mais la raison de Δ à E est plus grande que la raison triplée de Δ à Z (α); donc la raison de la figure solide circonscrite au secteur à la figure inscrite est moindre que la raison de Δ à E. Mais la raison de Δ à E est moindre que la raison du secteur solide au cône Θ ; donc la raison de la figure solide qui est circonscrite au secteur à la figure inscrite est moindre que la raison du secteur solide au cône Θ, et par permutation ...... (β). Mais la figure solide circonscrite est plus grande que le secteur; donc la figure inscrite au secteur est plus grande que le cône Θ. Ce qui ne peut être; car on a démontré, dans les théorèmes précédents, que cette figure est plus grande que ce cône, c'est-à-dire qu'un cône qui a pour base un cercle dont le rayon est égal à la droite menée du sommet du segment à la circonférence du cercle qui est la base du segment, et pour hauteur une droite égale au rayon de la sphère (41). Mais le cône dont nous venons de parler est le même que le cône Θ, puisque ce cône a une base égale à la surface du segment, c'est-à-dire au cercle dont nous avons parlé, et pour hauteur une droite égale au rayon de la sphère. Donc le secteur solide n'est pas plus grand que le cône Θ.

Supposons à présent que le cône Θ soit plus grand que le secteur solide. Que la raison de la droite Δ à la droite E, dont la droite Δ est plus grande, soit moindre que la raison du cône au secteur. Prenons également deux droites Z, H, de manière que la raison du côté du polygone qui est circonscrit dans le secteur plan et dont le nombre des angles est pair, au côté du polygone inscrit soit moindre que la raison de Δ à Z ; et circonscrivons au secteur solide une figure solide, et inscrivons-lui une autre figure solide. Nous démontrerons de la même manière que la raison de la figure qui est circonscrite au secteur solide à la figure inscrite est moindre que la raison de Δ à E, et que la raison du cône Θ au secteur. Donc la raison du secteur au cône Θ est moindre que la raison de la figure solide inscrite dans le segment à la figure circonscrite. Mais le secteur est plus grand que la figure qui lui est inscrite ; donc le cône Θ est plus grand que la figure circonscrite, ce qui ne peut être. Car on a démontré qu'un tel cône est plus petit que la figure circonscrite au secteur (44). Donc le secteur est égal au cône Θ.

Commentaire sur le Premier Livre

ARCHIMÈDE A DOSITHEE.

(α) La section du cône rectangle est une parabole.

Un cône rectangle est un cône droit dont les côtés, c'est-à-dire les intersections.de sa surface convexe et du plan conduit par l'axe, forment un angle droit. Si ces côtés forment un angle aigu, le cône s'appelle cône acutangle, et il s'appelle cône obtusangle, si ces côtés forment un angle obtus.

Il suit évidemment de là que, si l'on coupe perpendiculairement un des côtés d'un cône rectangle par un plan, la section du cône rectangle sera une parabole; puisque le plan coupant sera parallèle à l'autre côté du cône. La section du cône acutangle, serait une ellipse, et la section du cône obtusangle, une hyperbole. C'est ainsi que les anciens l'éomètres, avant Apollonius, considéraient les sections du cône qui donnent la parabole, l'ellipse et l'hyperbole. *Voyez* la note (α) de la lettre d'Archimède à Dosithée, qui est à la tête du Traité des Conoïdes et des Sphéroïdes.

Dans Archimède, la parabole est toujours nommée section du cône rectangle; l'ellipse, section du cône acutangle, et l'hyperbole, section du cône obtusangle. Pour éviter ces circonlocutions, et à l'exemple d'Apollonius, j'emploierai désormais les mots *parabole, ellipse* et *hyperbole*.

(β) Ce passage d'Archimède est très obscur ; j'ai suivi la leçon de M. Delambre. Voici la lettre qu'il me fit l'honneur de m'écrire au sujet de ce passage :

Paris, ce 14 décembre 1806.

« A peine étiez-vous sorti, Monsieur, qu'il m'est venu un doute sur le sens que nous donnons au passage obscur de la lettre à Dosithée. Voici comme on pourrait l'entendre : « Ces propositions étaient renfermées dans la nature de ces figures, quoiqu'aucun géomètre avant nous ne les eût aperçues ; mais pour se convaincre de leur vérité, il suffira de comparer mes théorèmes aux démonstrations que j'ai données sur ces figures. La même chose est arrivée à Eudoxe. Ses théorèmes sur la pyramide et le cône étaient aussi dans la nature, et n'avoient été reconnus par aucun géomètre avant lui. Je laisse le jugement sur mes découvertes à ceux qui seront en état de les examiner. Plût à Dieu que Conoix vécût encore, il aurait été bien en état d'en dire son avis ».

» Ainsi il ne s'agit pas dans la comparaison des figures aux théorèmes, de juger si ces théorèmes sont nouveaux, mais s'ils sont vrais. De ce qu'ils n'ont été vus par personne, il ne s'ensuit pas qu'on doive les regarder comme douteux ; la même chose est arrivée à Eudoxe, qui a trouve sur la pyramide et le cône des théorèmes nouveaux et qui pourtant ont été admis; que les géomètres examinent donc mes propositions et les jugent. Voilà je pense le vrai sens de la lettre. Les mots *ut quivis facile intelliget* ne sont pas exactement dans le grec ; *ut* y manque, et cet *ut* change le sens. Au lieu de *ut* le grec porte *et*. *Ces propositions sont dans la nature, et pour les comprendre il suffit de comparer les théorèmes aux figures et aux démonstrations.* J'avoue pourtant que l'expression grecque me paraît trop peu développée, καὶ νοήσειν ὅς, *et comprendra celui qui*. Remarquons que ce mot νοήσειν,*comprendra, se mettra dans la tête*, ne serait pas le mot propre s'il s'agissait de reconnaître seulement la nouveauté du théorème. Pour décider si un théorème est nouveau, *l'intelligence* ne fait rien ; il suffit d'avoir des yeux et de savoir lire ; mais pour s'assurer de la vérité d'un théorème, il faut être en, état de suivre une démonstration, et souvent celles d'Archimède ont besoin qu'on ait quelque intelligence et quelque force de tête.

Je serais tenté de croire le passage altéré, et qu'il a dû être originairement à peu près ainsi : Καὶ νοήσειν ὅς ἂν τούτων τῶν θεωρητάτων ταῖς ἀκοδείξεσι ἀντιπαραβάλῃ αὐτὰ τὰ σχήματα. Je mets θεθεωρημένων, au lien de σχημάτων, et σχήματα au lieu deθεθεωρημένα. C'est une simple transposition, alors le sens est clair, et alors Archimède dira : *Pour comprendre mes propositions,en sentir l'exactitude, il suffit de comparer la figure à la démonstration des théorèmes*, c'est-à-dire de suivre sur la figure la démonstration des théorèmes. Cependant on peut soutenir la leçon de Torelli, en entendant littéralement le mot *démonstration*.Aujourd'hui par ce mot nous entendons une preuve claire et irrésistible; mais dans le fait il ne signifie que l'action d'exposer, de *montrer*. *Pour sentir la vérité de ces propositions, il suffit de les comparer à ce que montrent ces figures; ou l'inspection seule de la figure mettra dans tout son jour la vérité des théorèmes.*

» Au reste, ce passage est tellement tronqué dans un manuscrit n° 2360, qu'il est impossible d'en rien tirer ; heureusement il est en lui-même très peu important. *Voyez* les variantes édit. de Torelli.

» J'ai l'honneur d'être, etc. »

AXIOMES.

(α) Archimède appelle lignes courbes, non seulement les lignes qui ne sont ni droites, ni composées de lignes droites, mais encore les lignes brisées et les lignes mixtilignes.

D'après le premier axiome, un arc de cercle est une courbe, qui est toute entière du même côté de la droite qui joint ses extrémités. Si une courbe était composée d'une demi-circonférence de cercle et d'un rayon qui joindrait une de ses extrémités, cette courbe n'aurait aucune de ses parties de l'autre côté de la droite qui joindrait ses extrémités, quand même cette droite serait prolongée: alors seulement une partie de la courbe serait sur le prolongement de la droite qui joindrait ses extrémités. Ce qui n'arriverait point, si l'arc était plus grand que la demi-circonférence.

(β) Cet axiome, qui a beaucoup embarrassé les commentateurs, est cependant de la plus grande clarté. Il suffit pour le comprendre de faire attention qu'une ligne courbe, quelle qu'elle soit, a deux côtés aussi bien qu'une ligne droite.

Soit la courbe ΑΡΙΣΚ. Les lettres ΒΓΔΕΗΘ sont placées d'un des côtés de cette courbe, et les lettres ΑΜΝΞΟΠ sont placées de l'autre côté; Si l'on s'imaginait que le point A se mût dans la courbe ΑΡΙΣΚ jusqu'à ce qu'il fût arrivé au point K, on pourrait dire que les lettres ΒΓΔΕΗΘ sont à la droite de la courbe, et que les lettres ΑΜΝΞΟΠ sont à sa gauche.

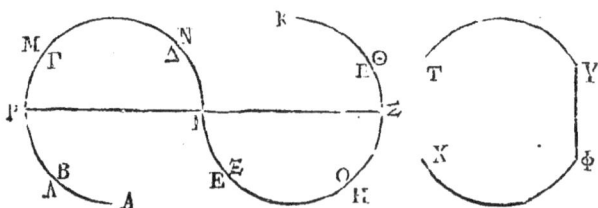

Cela posé, joignons les deux points PΣ de cette courbe par la droite PZ. Il est évident que la droite PΣ sera de différents côtés de cette courbe; la portion PI sera d'un côté, et la portion IΣ sera de l'autre; ou si l'on veut, la première portion sera à la droite de la courbe, et la seconde à sa gauche. Donc cette courbe n'est pas concave du même côté, puisque la droite PΣ, qui joint deux de ses points, est de différents côtés de cette courbe.

Une circonférence de cercle, une portion de sa circonférence, une ellipse, une portion de l'ellipse, une parabole et une hyperbole, sont au contraire des courbes concaves du même côté, parce que les droites qui joindraient deux points quelconques de ces courbes, seraient nécessairement des mêmes côtés de ces courbes.

Soit la ligne courbe TΥΦX, qui est composée de deux arcs TΥ, XΦ appartenant à un même cercle, et d'une droite ΥΦ menée du point Υ au point Φ ; cette courbe sera encore concave du même côté, parce que les droites qui joignent deux points quelconques de cette courbe tombent toutes du même côté, excepté la droite menée du point Υ au point Φ, qui tombe sur cette ligne courbe.

Il sera facile d'appliquer au quatrième axiome ce que je viens de dire du second.

PRINCIPES.

(α) Ce principe n'est point, comme beaucoup de Γéomètres l'ont cru, une définition de la ligne droite : c'est simplement l'énoncé d'une de ses propriétés.

(β) Il est des personnes qui pensent que l'injure des temps a fait périr une partie des Éléments d'Euclide, qui regardent le cylindre, le cône et la sphère : ces personnes sont dans l'erreur. Tous les théorèmes qu'on regrette de ne pas trouver dans Euclide, ne peuvent être démontrés qu'à l'aide des principes 2 et 4 : or Euclide n'a jamais fait usage de ces deux principes ; on ne doit donc pas être surpris de ne pas trouver dans ses Éléments les théorèmes, dont nous venons de parler, et qu'Archimède démontre dans ce traité.

Plusieurs Γéomètres ont tenté, mais en vain, de démontrer ces deux principes, lorsque les lignes courbes et les surfaces courbes ne sont point des assemblages de lignes droites et de surfaces planes. Si ces deux principes pouvaient être démontrés, ils l'auraient été par Archimède. Je dis dans la Préface la raison pourquoi il est impossible de démontrer ces deux principes.

(γ) Ce principe est une conséquence de la première proposition du dixième livre d'Euclide.

PROPOSITION III.

(α) Mais ΓA est à AΘ comme HE est à ZH ; donc la raison de EH à ZH est moindre que la raison de ΓA à ΓB.

PROPOSITION IV.

(α) Si l'angle ΘHΓ était égal à l'angle ΛKM, il est évident que la raison de MK à ΛK serait la même que la raison de ΓH à HΘ. Si nous supposons ensuite que l'angle ΘHΓ diminue, la droite ΓH diminuera aussi, et la raison de ΓH à HΘ deviendra plus petite; donc alors la raison de MK à ΛK sera plus grande que la raison de ΓH à HΘ.

(β) Donc la raison du côté du polygone circonscrit au côté du polygone inscrit est moindre que la raison de A à B.

PROPOSITION VI.

(α) Cette proposition est démontrée dans les Éléments d'Euclide. *Voyez* la proposition II, livre XII.

PROPOSITION VII.

(α) Appelons P le polygone circonscrit, et *p* le polygone inscrit. Puisque P : *p* < A + B : A, et que P < A, on aura à plus forte raison P : A < A + B : A. Donc par soustraction P — A : A < B : A. Donc P — A, c'est-à-dire la somme des segments placés autour du cercle est plus petite que la surface B.

PROPOSITION VIII.

(α) Lorsqu'Archimède parle d'une surface comprise sous deux droites, il entend toujours parler d'un rectangle, dont une de ces droites est la base et dont l'autre est la hauteur.

PROPOSITION XIV.

(α) La raison en est simple; car puisque $\Gamma\Delta$: H :: H : EZ, il est évident qu'on aura $\Gamma\Delta/2$ — : H :: H : 2 x EZ, ou bien $T\Delta$: H :: H : PZ.

(β) La raison de la surface du prisme à la surface du cylindre est moindre que la raison du polygone inscrit dans le cercle B au cercle B. Voilà ce qui est sous-entendu, et ce qu'Archimède sous-entend toujours dans la suite, lorsqu'il a un raisonnement semblable à faire. Pour que le lecteur puisse, dans ce cas, suppléer ce qui manque, il faut qu'il se souvienne que, lorsqu'on a quatre quantités, et que la raison de la première à la seconde est moindre que la raison de la troisième à la quatrième, la raison de la première à la troisième est encore moindre que la raison de la seconde à la quatrième.

(γ) Parce que ces triangles sont entre eux comme les droites $T\Delta$, PZ, et que nous avons vu dans la première partie de la démonstration que $T\Delta$ est à PZ comme $T\Delta^2$ est à H^2.

(d) La raison du polygone qui est circonscrit au cercle B à ce même cercle, est moindre que la raison du polygone inscrit dans le cercle B à la surface du cylindre.

PROPOSITION XV.

(α) Donc, par permutation, la raison de la surface de la pyramide qui est circonscrite au cône à la surface du cône est moindre que la raison du polygone inscrit dans le cercle B au cercle B.

(β) En effet, la raison du rayon du cercle A au côté du cône est la même que la raison de la perpendiculaire menée du centre ducercle A sur le côté du polygone à la parallèle au côté du cône menée du milieu du côté du polygone et terminée à l'axe du cône. Mais la perpendiculaire menée du sommet du cône sur le côté du polygone est plus longue que la parallèle dont nous venons de parler; donc la raison du rayon du cercle A au côté du polygone est plus grande que la raison de la perpendiculaire menée du centre sur le côté du polygone à la perpendiculaire menée du sommet du cône sur le côté de ce même polygone.

(γ) Donc, par permutation, la raison du polygone circonscrit au cercle B est moindre que la raison de la surface de la pyramide

PROPOSITION XVI.

(α) Donc le cercle Δ est au cercle A comme le carré de E est au carré de B. Mais à cause que E est moyen proportionnel entre Γ et B, la droite Γ est à la droite B comme le carré de E est au carré de B ; donc le cercle Δ est au cercle A comme Γ est à B ; mais le cercle Δ est égal à la surface du cône.

LEMME.

(α) Le parallélogramme BH pourrait n'être pas un rectangle, mais alors par les surfaces comprises sous BA, AH; sous BΔ, ΔZ,etc. il faudrait entendre des rectangles dont les droites AH, ΔZ seraient les bases et les droites BA, BΔ les hauteurs.

LEMMES.

(α) Les cylindres qui ont la même base sont entre eux comme leurs hauteurs ; donc les cônes qui ont la même base sont aussi entre eux comme leurs hauteurs : ce qui est l'inverse du premier lemme. Je pense qu'il y a une omission, et que le lemme doit être posé ainsi : Lorsque des cônes et des cylindres ont les mêmes bases et les mêmes hauteurs, les cônes sont entre eux comme les cylindres.

(β) Voyez le douzième livre d'Euclide.

PROPOSITION XIX.

(α) Car puisque les cônes BAΓ, BΔΓ ont la même base, la droite AE est à la droite ΔE comme le cône BAΓ est au cône BΔΓ (17, *lemm.* 1). Donc, par addition, la droite AΔ est à la droite ΔE comme le rhombe ABΓΔ est au cône BΔΓ.

PROPOSITION XXIV.

(α) Archimède veut que le nombre des côtés soit divisible par quatre, afin que deux diamètres perpendiculaires l'un sur l'autre aient leurs extrémités aux angles du polygone inscrit.

(β) Perpendiculaires l'un sur l'autre.

PROPOSITION XXV.

(α) En effet, puisque les cercles sont proportionnels aux carrés

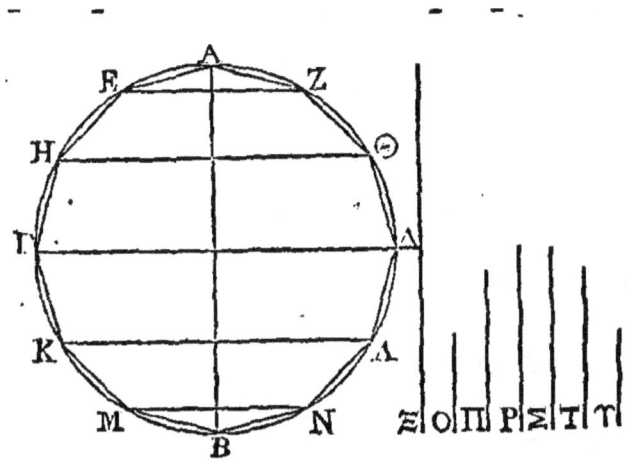

de leurs rayons, le carré du rayon du cercle Ξ est au cercle Ξ, comme le carré du rayon du cercle O est au cercle O, comme le carré du rayon du cercle Π est au cercle Π, comme le carré du rayon du cercle P est au cercle P, comme le carré du rayon du cercle Σ est au cercle Σ, comme le carré du rayon du cercle T est au cercle T, comme le carré du rayon du cercle Υ est au cercle Υ. Donc le carré du rayon du cercle Ξ est au cercle Ξ comme la somme des carrés des rayons des cercles O, Π, P, Σ , T, Υ est à la somme des cercles O, Π, P, Σ , T, Υ. Mais le carré du rayon des cercles Ξ est égal à la somme des carrés des rayons des cercles O, Π, P, Σ , T, Υ ; donc le cercle Ξ est égal à la somme des cercles O, Π, P, Σ , T, Υ.

PROPOSITION XXXI.

(α) Car les deux triangles KΘZ, ΣXZ étant semblables, la droite ΘZ est à XZ comme ΘK est à XΣ. Mais ΘZ est double de XZ ; donc ΘK est double du rayon XΣ ; donc ΘK est égal au diamètre du cercle ABΓΔ.

Commentaire sur le Premier Livre

PROPOSITION XXXIV.

(β) Car puisque les droites qui joignent les angles du polygone circonscrit, et les droites qui joignent les angles du polygone inscrit sont entre elles comme les côtés des polygones, la somme des premières droites est à la somme des secondes droites comme EΛ est à AK. Donc les surfaces comprises sous les sommes des droites qui joignent les angles des polygones et les côtés des polygones sont des figures semblables.

PROPOSITION XXXV.

(α) Donc, par permutation, la raison de la surface de la figure circonscrite à la surface de la sphère est moindre que la raison de surface de la figure inscrite au cercle A.

PROPOSITION XXXVI.

(α) Soient a, $a - d$, $a - 2d$, $a - 5d$, quatre termes d'une progression arithmétique décroissante, et que ces quatre termes soient ou tous positifs ou tous négatifs. Je dis que la raison du premier terme au quatrième est plus grande que la raison triplée du premier au second, c'est-à-dire, que

$a/(a-3d) > a^3/(a-d)^3$

J'élève $a - d$ au cube; je fais disparaître les dénominateurs. La réduction étant faite, la première quantité devient $3\,ad^2$, et la seconde d^3. Mais $3\,ad^2$ est plus grand que d^3, puisque a est plus grand que d, donc

$a/(a-3d) > a^3/(a-d)^3$

Donc la raison du premier terme d'une progression arithmétique décroissante au quatrième terme est plus grande que la raison triplée du premier terme au second.

(β) Mais la raison de K à H est moindre que la raison de la sphère au cône Ξ; donc la raison de la figure circonscrite à la figure inscrite est encore moindre que la raison de la sphère au cône. Donc, par permutation, la raison de la figure circonscrite à la sphère est encore moindre que la raison de la figure inscrite au cône.

(γ) Donc la raison de la figure circonscrite à la figure inscrite est encore moindre que la raison du cône Ξ à la sphère. Donc, par permutation, la raison de la figure circonscrite au cône Ξ est moindre que la raison de la figure inscrite à la sphère.

PROPOSITION XLII.

(α) En effet, la surface engendrée par la droite MZ est égale à un cercle dont le rayon est moyen proportionnel entre la droite ZM et la moitié de la somme des droites ZH, MN (17), et la surface décrite par la droite MA est égale à un cercle dont le rayon est moyen proportionnel entre la droite MA et la moitié de la somme des droites ΔB, MN. Mais ZM est plus grand que MA, et ZH plus grand que AB ; donc la première moyenne proportionnelle est plus grande que la seconde. Donc la surface décrite par ZM est plus grande que la surface décrite par MA.

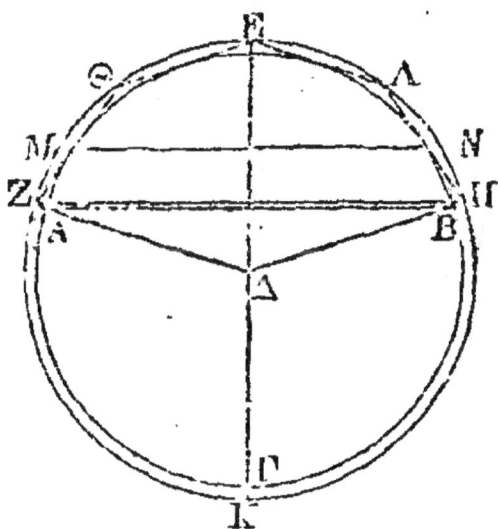

PROPOSITION XLIV.

(α) Ce qui précède, à partir de ces mots *mais la surface*, etc. est un peu obscur, voici ce qu'on pourrait mettre à sa place. Donc le carré du rayon du cercle N, qui est égal à la surface comprise sous MΘ, HZ est encore égal à la surface comprise sous ΓΔ, HZ.

Mais le carré de la droite ΔA est égal à la surface comprise sous ΓΔ, ΔΞ, et nous venons de démontrer que HZ est plus grand que ΔΞ ; donc la surface comprise sous ΓΔ, HZ est plus grande que la surface comprise sous ΓΔ, ΔΞ. Donc le carré du rayon du cercle N, qui est égal à la première surface, est plus grand que le carré de la droite ΔA, qui est égal à la seconde surface. Donc le rayon du cercle N est plus grand que la droite ΔA. Donc le cercle N, et par conséquent la surface de la figure circonscrite au segment sphérique KZΛ, est plus grande que le cercle décrit autour du diamètre ΔA.

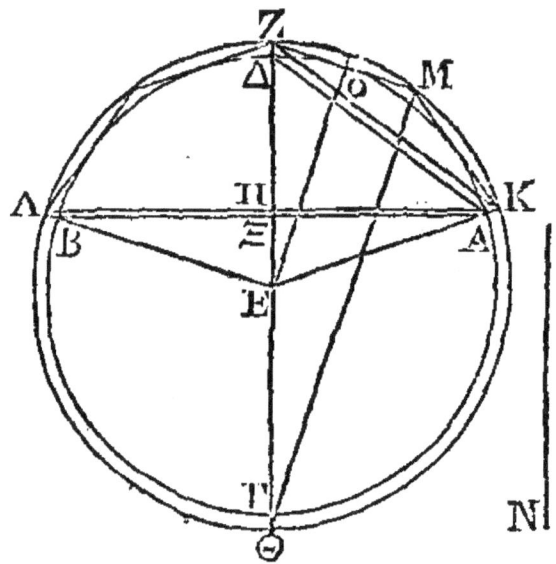

PROPOSITION XLVII.

(α) En effet, les droites qui joignent les angles du polygone circonscrit, et les droites qui joignent les angles du polygone inscrit sont proportionnelles aux côtés des polygones ; donc la somme des droites qui joignent les angles du polygone circonscrit est à la somme des droites qui joignent les angles du polygone inscrit, comme EK est à AΛ. Donc la surface comprise sous EK et sous la somme des droites qui joignent les angles du polygone circonscrit, conjointement avec la moitié de EZ, est semblable à la surface comprise sous AΛ et sous la somme des droites qui joignent les angles du polygone inscrit, conjointement avec la moitié de AΓ. Donc la première figure est à la seconde comme le carré de EK est au carré de AΛ. Mais le carré du rayon du cercle M est égal à la première figure, et le carré du rayon du cercle N est égal à la seconde ; donc le premier carré est au second comme le carré de EK est au carré de AΛ. Donc le cercle M, c'est-à-dire la surface de la figure circonscrite est au cercle N, c'est-à-dire à la surface de la figure inscrite comme le carré de EK est au carré de AΛ.

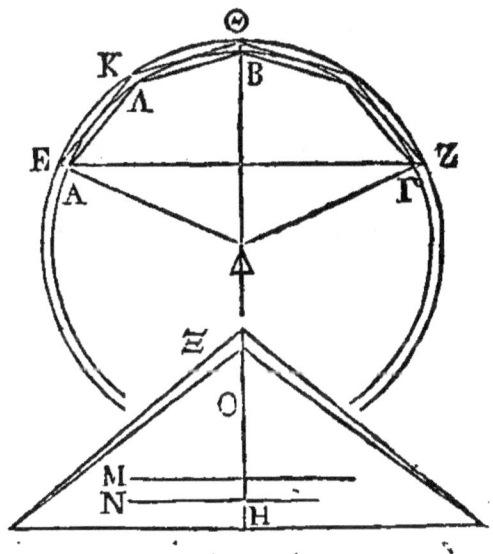

(β) Puisque dans la première partie de cette démonstration, l'on a vu que le carré de EK est au carré de AΛ comme le cercle M est au cercle N, il est évident que EK est à AΛ comme le rayon du cercle M est au rayon du cercle N.

PROPOSITION XLVIII.

(α) Donc la raison de la surface de la figure circonscrite à la surface de la figure inscrite est moindre que la raison de la surface du segment au cercle Z. Donc, par permutation, la raison de la surface de la figure circonscrite à la surface du segment est moindre que la raison de la surface de la figure inscrite au cercle Z.

(β) Puisque le polygone circonscrit est au polygone inscrit comme la surface de la figure circonscrite est à la surface de la figure inscrite, la raison de la surface de la figure circonscrite à la surface de la figure inscrite est moindre que la raison du cercle Z à la surface du segment. Donc, par permutation, la surface de la figure circonscrite au cercle Z est moindre que la raison de la surface de la figure inscrite à la surface du segment. Mais la surface de la figure circonscrite est plus grande que le cercle Z (44) ; donc la surface de la figure inscrite est plus grande que la surface du segment; ce qui ne peut être.

PROPOSITION L.

(α) *Voyez* la note (α) de la proposition XXXVI.

(β) Donc la raison de la figure solide circonscrite au secteur est moindre que la raison de la figure inscrite au cône Θ.

LIVRE SECOND.

ARCHIMÈDE A DOSITHÉE, SALUT.

Tu m'avais engagé à écrire les démonstrations des problèmes que j'avais envoyés à Conon; mais il est arrivé que la plupart de ces problèmes découlent des théorèmes dont je t'ai déjà envoyé les démonstrations ; tels sont, par exemple les théorèmes suivants :

La surface d'une sphère quelconque est quadruple d'un de ses grands cercles.

La surface d'un segment sphérique quelconque est égale à un cercle qui a un rayon égal à la droite menée du sommet du segment à la circonférence de sa base.

Un cylindre qui a une base égale à un grand cercle d'une sphère, et une hauteur égale au diamètre de cette sphère, est égal à trois fois la moitié de cette sphère, et la surface de ce cylindre est aussi égale à trois fois la moitié de la surface de cette même sphère.

Et enfin, tout secteur solide est égal à un cône qui a une base égale à la partie de la surface de la sphère comprise dans le secteur, et une hauteur égale au rayon de la sphère.

Tu trouveras dans le livre que je t'envoie tous les théorèmes et tous les problèmes qui découlent des théorèmes dont je viens de parler. Quant aux choses que l'on trouve par d'autres considérations et qui regardent les hélices et les conoïdes, je ferai en sorte de te les envoyer le plutôt possible. Voici quel était le premier problème.

PROPOSITION I.

Une sphère étant donnée, trouver une surface plane égale à la surface de cette sphère.

Cela est évident; car la démonstration de ce problème est une suite du théorème dont nous venons de parler ; attendu que le quadruple d'un grand cercle, qui est une surface plane, est égal à la surface de la sphère.

PROPOSITION II.

Le problème suivant était le second.

Un cône ou un cylindre étant donné, trouver une sphère égale à ce cône ou à ce cylindre.

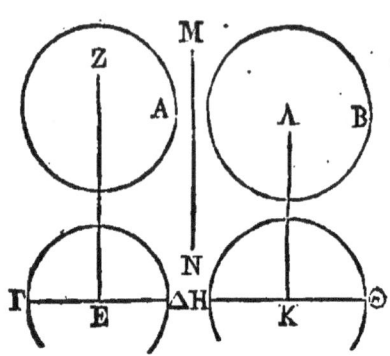

Soit A le cône ou le cylindre donné. Que la sphère B soit égale à A. Supposons que le cylindre ΓΖΔ soit égal à trois fois la moitié du cône ou du cylindre A. Que le cylindre qui a pour base le cercle décrit autour du diamètre HΘ, et pour axe la droite KΛ égale au diamètre de la sphère B, soit égal à trois fois la moitié de la sphère B : le cylindre E sera égal au cylindre K. Mais les bases des cylindres égaux sont réciproquement proportionnelles à leurs hauteurs ; donc le cercle E est au cercle K, c'est-à-dire le carré construit sur ΓΔ est au carré construit sur HΘ comme KΛ est à EZ. Mais KΛ est égal à HΘ ; car un cylindre qui est égal à trois fois la moitié de la sphère, et dont l'axe est égal au diamètre de cette même sphère, a une base K égale à un grand cercle de cette même sphère (I, 37). Donc le carré construit sur ΓΔ est au carré construit sur HΘ comme HΘ est à EZ. Que la surface comprise sous ΓΔ, MN soit égale au carré construit sur HΘ (α). Λa droite ΓΔ sera à la droite MN comme le carré construit sur ΓΔ est au carré construit sur HΘ, c'est-à-dire comme HΘ est à EZ ; et par permutation, la droite ΓΔ est à la droite HΘ comme HΘ est à MN, et comme MN est à EZ. Mais les deux droites ΓΔ, EZ sont données (β); donc les deux moyennes proportionnelles HΘ, MN entre les deux droites ΓΔ, EZ sont aussi données. Donc chacune des deux droites HΘ, MN est donnée.

On construira le problème de la manière suivante. Soit A le cône ou le cylindre donné. Il faut trouver une sphère égale au cône ou au cylindre A.

Que le cylindre dont la base est le cercle décrit autour du diamètre ΓΔ, et dont l'axe est la droite EZ, soit égal à trois fois la moitié du cône ou du cylindre A. Prenons deux moyennes proportionnelles HΘ, MN entre ΓΔ, EZ, de manière que ΓΔ soit à HΘ comme HΘ est à MN, et comme MN est à EZ (γ) ; et concevons un cylindre qui ait pour base le cercle décrit autour du diamètre HΘ, et pour axe la droite KΛ égale au diamètre HΘ. Je dis que le cylindre E est égal au cylindre K.

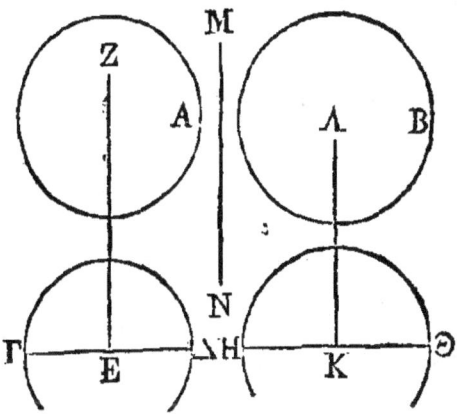

Puisque ΓΔ est à HΘ comme MN est à EZ; par permutation, et à cause que HΘ est égal à KΛ (δ), la droite ΓΔ sera à la droite MN, c'est-à-dire, le carré construit sur ΓΔ sera au carré construit sur HΘ comme le cercle E est au cercle K. Mais le cercle E est au cercle K comme KΛ est à EZ; donc les bases E, K des cylindres sont réciproquement proportionnelles à leurs hauteurs ; donc le cylindre E est égal au cylindre K. Mais le cylindre K est égal à trois fois la moitié de la sphère qui a pour diamètre la droite HΘ, donc la sphère qui a un diamètre égal à la droite HΘ, c'est-à-dire, la sphère B est égale au cône ou au cylindre A.

PROPOSITION III.

Un segment quelconque d'une sphère est égal à un cône qui a la même base que ce segment, et pour hauteur une droite qui est à la hauteur du segment comme une droite composée du rayon de la sphère et de la hauteur de l'autre segment est à la hauteur de cet autre segment.

Soient une sphère et un de ses grands cercles qui ait pour diamètre la droite AΓ. Coupons cette sphère par un plan mené par la droite BZ, et perpendiculaire sur la droite AΓ. Que le point Θ soit le centre. Que la somme des deux droites ΘA, AE soit à la droite AE comme ΔE est à ΓE ; et de plus, que la somme des deux droites ΘΓ, ΓE soit à la droite ΓE comme KE est à EA.

Sur le cercle dont BZ est le diamètre, construisons deux cônes qui aient pour sommets les points K, Δ. Je dis que le cône BΔZ est égal au segment de la sphère qui est du côté Γ, et que le cône BKZ est égal au segment de la sphère qui est du côté A.

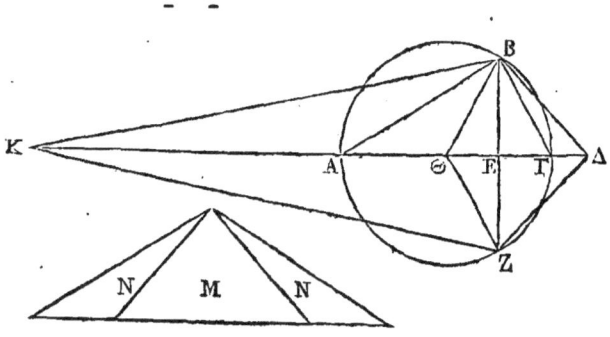

Menons les rayons BΘ, ΘZ : concevons un cône qui ait pour base le cercle décrit autour du diamètre BZ, et pour sommet le point Θ. Soit aussi un cône M qui ait une base égale à la surface du segment sphérique BΓZ, c'est-à-dire à un cercle dont le rayon soit égal à la droite BΓ ; et que la hauteur de ce cône soit égale au rayon de la sphère. Le cône M sera égal au secteur solide BΓΘZ, ainsi que cela a été démontré dans le premier livre (I, 50). Puisque ΔE est à EΓ comme la somme des droites ΘA, AE est à la droite ΔE ; par soustraction, la droite ΓA sera à la droite ΓE comme ΘA est à AE, c'est-à-dire comme ΓΘ est à AE ; par permutation, la droite ΔΓ sera à la droite ΓΘ comme ΓE est à EA ; et enfin par addition, la droite ΘΔ sera à la droite ΘΓ comme ΓA est à AE, c'est-à-dire comme le carré construit sur ΓB est au carré construit sur BE. Donc la droite ΘΔ est à la droite ΓΘ comme le carré construit sur ΓB est au carré construit sur BE. Mais la droite ΓB est égale au rayon du cercle M, et la droite BE est égale au rayon du cercle décrit autour du diamètre BZ ; donc ΔΘ est à ΘΓ comme le cercle M est au cercle décrit autour du diamètre BZ. Mais la droite ΘΓ est égale à l'axe du cône M ; donc la droite ΔΘ est à l'axe du cône M comme le cercle M est au cercle décrit autour du diamètre BZ ; donc le cône qui a pour base le cercle M, et pour hauteur le rayon de la sphère est égal au rhombe solide BΔZΘ, ainsi que cela a été démontré dans le quatrième lemme du premier livre (I, 17). Ou bien de la manière suivante, puisque la droite AΘ est à la hauteur du cône M comme le cercle M est au cercle décrit autour du diamètre BZ, le cône M sera égal au cône qui a pour base le cercle décrit autour du diamètre BZ et pour hauteur la droite ΔΘ ; caries bases de ces cônes sont réciproquement proportionnelles à leurs hauteurs. Mais le cône qui a pour base le cercle décrit autour du diamètre BZ, et pour hauteur la droite ΔΘ, est égal au rhombe solide BΔZΘ ; donc le cône M est aussi égal au rhombe solide BΔZΘ. Mais le cône M est égal au secteur solide BΓZΘ ; donc le secteur solide BΓZΘ est égal au rhombe solide BΔZΘ. Donc si l'on retranche le cône commun qui a pour base le cercle décrit autour du diamètre BZ et pour hauteur la droite BΘ, le cône restant BΔZ sera égal au segment sphérique BZΓ.

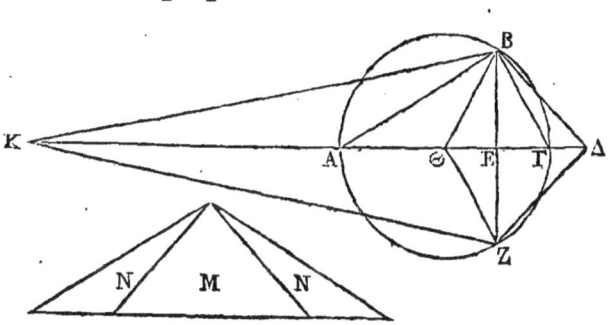

On démontrera semblablement que le cône BKZ est égal au segment sphérique BAZ. En effet, puisque la droite KE est à la droite EA comme la somme des droites ΘΓ, ΓE est à la droite ΓE; par soustraction, la droite KA est à la droite AE comme ΘΓ est à ΓE. Mais ΘΓ est égal à ΘA ; donc, par permutation, la droite KA est à la droite AΘ comme AE est à EΓ. Donc, par addition, la droite KΘ est à la droite ΘA comme AΓ est à ΓE, c'est-à-dire comme le carré construit sur BA est au carré construit sur BE. Supposons de nouveau un cercle K, qui ait un rayon égal à la droite AB. Le cercle N sera égal à la surface du segment sphérique BAZ. Concevons un cône N qui ait une hauteur égale au rayon de la sphère ; ce cône sera égal au secteur solide BΘZA, ainsi que cela a été démontré dans le livre premier (I, 50) (α). Mais nous avons démontré que la droite KΘ est à la droite ΘA comme le carré construit sur AB est au carré construit sur BE, c'est-à-dire comme le carré construit sur le rayon du cercle N est au carré du rayon du cercle décrit autour du diamètre BZ, c'est-à-dire comme le cercle N est au cercle décrit autour du diamètre BZ ; et la droite AΘ est égale à la hauteur du cône N ; donc la droite KΘ est à la hauteur du cône N comme le cercle N est au cercle décrit autour du diamètre BZ. Donc le cône N, c'est-à-dire le secteur BΘZA est égal à la figure BΘZK. Donc si nous ajoutons à chacun de ces deux solides le cône dont la base est le cercle décrit autour de BZ, et dont la hauteur est la droite EΘ, le segment sphérique total ABZ sera égal au cône BZK (β). Ce qu'il fallait démontrer.

Il est encore évident qu'en général un segment sphérique est à un cône qui a la même base et la même hauteur que ce segment, comme la somme du rayon de la sphère et de la hauteur de l'autre segment est à la hauteur de cet autre segment; car la droite ΔE est à la droite EΓ comme le cône AZB, c'est-à-dire le segment BΓZ est au cône BΓZ.

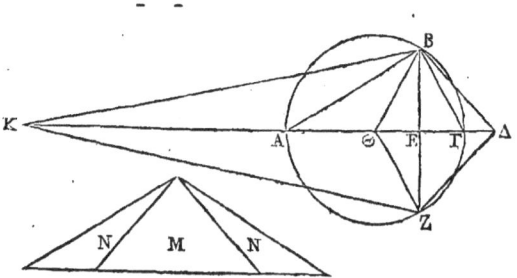

Les mêmes choses étant supposées, nous démontrerons autrement que le cône KBZ est égal au segment sphérique AZB. Soit un cône N qui ait une base égale à la surface de la sphère et une hauteur égale au rayon. Ce cône sera égal à la sphère. En effet, nous avons démontré que la sphère est quadruple du cône qui a pour base un grand cercle de cette sphère et pour hauteur un rayon de cette même sphère (I, 36); or le cône N est aussi quadruple du cône dont nous venons de parler, parce que la base du premier cône est quadruple de la base du second, et que la surface de la sphère est quadruple d'un de ses grands cercles. Puisque la somme des droites ΘA, AE est à la droite AE comme ΔE est à EΓ ; par soustraction et par permutation, la droite ΘΓ sera à la droite ΓΔ comme AE est à EΓ. De plus, puisque la droite KE est à la droite EA comme la somme des droites ΘΓ, ΓE sera à la droite ΓE ; par soustraction et par permutation, la droite KA sera à la droite ΓΘ ou à la droite ΘA comme AE est à EΓ, c'est-à-dire comme ΘΓ est à ΓΔ. Donc, par addition, et à cause que la droite AΘ est égale à la droite ΘΓ, la droite KΘ sera à la droite ΘΓ comme ΘΔ est à ΔΓ ; et (γ) la droite totale KΔ est à la droite ΔΘ comme ΔΘ est à ΔΓ, c'est-à-dire comme KΘ est à ΘA. Donc la surface comprise sous ΔΘ, ΘK est égale à la surface comprise sous ΔK, ΘA. De plus, puisque KΘ est à ΘΓ comme ΘΔ est à ΓΔ ; par permutation, la droite KΘ sera à la droite ΘΔ comme ΘΓ est à ΓΔ. Mais nous avons démontré, que ΘΓ est à ΓΔ comme AE est à EΓ ; donc KΘ est à ΘΔ comme AE est à EΓ. Donc le carré construit sur KΔ est à la surface comprise sous KΘ, ΘA comme le carré construit sur AΓ est à la surface comprise sous AE, EΓ (δ). Mais on a démontré que la surface comprise sous KΘ, ΘΔ est égale à la surface comprise sous KΔ, AΘ donc le carré construit sur KΔ est à la surface comprise sous KΔ, AΘ, c'est-à-dire que KΔ est à AΘ comme le carré construit sur AΓ est à la surface comprise sous AE, EΓ c'est-à-dire au carré construit sur EB. Mais AΓ est égal au rayon du cercle N ; donc le carré construit sur le rayon du cercle N est au carré construit sur la droite BE, c'est-à-dire que le cercle N est au cercle décrit autour du diamètre BZ comme KΔ est à AΘ, c'est-à-dire comme la droite KA est à la hauteur du cône N. Donc le cône N, c'est-à-dire la sphère, est égal au rhombe solide BΔZK (I, 17, *lemme* 4). Ou bien de cette manière, donc le cercle N est au cercle décrit autour du diamètre BZ comme la droite KΔ est à la hauteur du cône N. Donc le cône N est égal au cône dont la base est le cercle décrit autour du diamètre BZ et dont la hauteur est ΔK ; car les bases de ces cônes sont réciproquement proportionnelles, à leurs hauteurs (I, 17, *lemme* 4). Mais le cône N est égal au rhombe solide BKZΔ ; donc le cône N, c'est-à-dire la sphère, est aussi égal au rhombe solide BKZΔ, qui est composé des cônes BΔZ, BKZ. Mais nous avons démontré que le cône BΔZ est égal au segment sphérique BΓZ ; donc le cône restant BKZ est égal au segment sphérique BAZ (γ).

PROPOSITION IV.

Le troisième problème était celui-ci : couper une sphère donnée par un plan, de manière que les surfaces des segments aient entre elles une raison égale à une raison donnée.

Supposons que cela soit fait. Que AΔBE soit un grand cercle de la sphère, et que AB soit son diamètre ; que la section du cercle AΔBE par ce plan soit la droite ΔE, et menons les droites AΔ, BΔ. Puisque la raison de la surface du segment ΔAE à la surface du segment ΔBE est donnée; que la surface du segment ΔAE est égale à un cercle qui a un rayon égal à la droite AΔ (I, 49) ; et que la surface du segment ΔBE est égale à un cercle qui a un rayon égal à la droite ΔB: (I, 48) ; et à cause que les cercles dont nous venons de parler sont entre eux comme les carrés construits sur les droites AΔ, AB, c'est-à-dire comme les droites AΓ, ΓB ; il est évident que la raison de AΓ à ΓB est donnée, et par conséquent le point Γ. Mais la droite ΔE est perpendiculaire sur AB ; donc le plan qui passe par ΔE est donné de position.

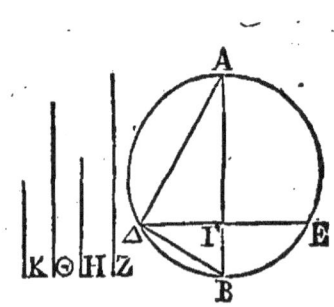

On construira ce problème de la manière suivante: soit la sphère dont AΔBE est un grand cercle et dont AB est le diamètre. Que la raison donnée soit la même que celle de la droite Z à la droite H. Coupons la droite AB au point Γ, de manière que AΓ soit à ΓB comme Z est à H ; par le point Γ coupons la sphère par un plan perpendiculaire sur AB ; et que la commune section soit ΔE. Menons les droites AΔ, ΔB.

Supposons enfin deux cercles Θ, K dont l'un ait un rayon égal à la droite AΔ et l'autre un rayon égal à la droite ΔB. Le cercle Θ sera égal à la surface du segment ΔAE, et le cercle K égal à la surface du segment ΔBE, ainsi que cela a été démontré dans le premier livre (I, 48 et 49). Puisque l'angle AΔB est donné et que la droite ΓA est perpendiculaire, la droite AΓ est à la droite ΓB, c'est-à-dire que Z est à H comme le carré construit sur AΔ est au carré construit sur ΔB, c'est-à-dire comme le carré construit sur le rayon du cercle Θ est au carré construit sur le rayon du cercle K, c'est-à-dire comme la surface du segment sphérique ΔBE est à la surface du segment sphérique ABE.

PROPOSITION V.

Couper une sphère donnée de manière que les segments aient entre eux une raison égale à une raison donnée.

Soit ABΓΔ la sphère donnée. Il faut la couper par un plan de manière que les segments aient entre eux une raison égale à une raison donnée.

Coupons cette sphère par un plan conduit par AΓ. La raison dit segment sphérique AΔΓ au segment sphérique ABΓ sera donnée. Coupons cette sphère par un plan qui passe par son centre ; que cette section soit le grand cercle ABΓΔ; que le point K soit son centre, et ΔB son diamètre. Que la somme des droites KΔ, ΔX soit à la droite BX comme PX est à XB ; et que la somme des droites KB, BX soit à la droite BX comme ΛX est à XΔ. Menons les droites AΛ, ΛΓ, AP, PΓ.

LIVRE SECOND.

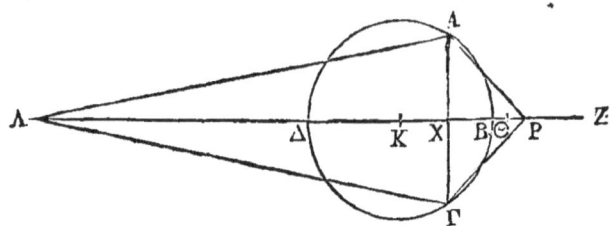

Le cône AΛΓ sera égal au segment sphérique AΔΓ ; et le cône APΓ égal au segment ABΓ (II, 3). Donc la raison du cône AΛΓ au cône APΓ sera donnée. Mais le premier cône est au second comme ΛX est à XP, puisque ces deux cônes ont pour base le cercle décrit autour de la droite AΓ ; donc la raison de ΛX est à XP est aussi donnée. Par la même raison qu'auparavant, et par construction (II, 3), la droite ΛΔ est à la droite KΔ comme KB est à BP, et comme ΔX est à XB. Mais la droite PB est à la droite BK comme KΔ est à ΛΔ; donc par addition la droite PK est à KB, c'est-à-dire à KΛ comme KΛ est à ΛΔ. Donc (α), la droite totale PΛ est à la droite totale KΛ comme KΛ est à ΛΔ. Donc la surface comprise sous PΛ, ΛΔ est égale au carré construit KΛ. Donc PΛ est à ΛΔ comme le carré construit sur KΛ est au carré construit sur ΛΔ (β). Mais ΛΔ est à ΔK comme ΔX est à XB ; donc par inversion et par addition, la droite KΛ est à la droite ΛΔ comme BΔ est à ΔX. Donc le carré construit sur KΛ est au carré construit sur ΛΔ comme le carré construit sur BΔ est au carré construit sur ΔX. De plus, puisque ΛX est à ΔX comme la somme des droites KB, BX est à BX ; par soustraction, la droite ΛΔ sera à la droite ΔX comme KB est à BX. Faisons, BZ égal à KB. Il est évident que cette droite tombera au-delà du point P (γ). Mais la droite ΛΔ est à la droite ΔX comme ZB est à BX; donc ΔΛ sera à ΛX comme BZ est à ZX (δ). Puisque non seulement la raison de ΔΛ à ΛX est donnée, mais encore celle de PΛ à ΛX, ainsi que celle de PΛ à ΛΔ; et puisque la raison de PΛ à ΛX est composée de la raison PΛ à ΛΔ, et de la raison de ΔΛ à ΛX (ε) ; que PΛ est à ΛΔ comme le carré construit sur ΔB est au carré construit sur ΔX, et que ΔΛ est à ΛX comme BZ est à ZX, la raison de PΛ à ΛX est composée de la raison du carré construit sur BΔ au carré construit sur ΔX, et de la raison de BZ à ZX (z).

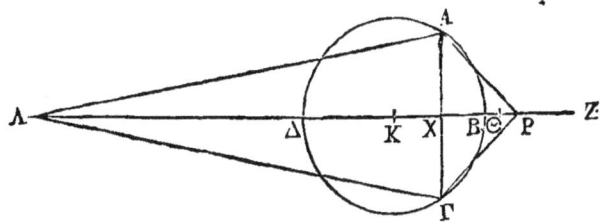

Faisons en sorte que PΛ soit à ΛX comme BZ est à ZΘ. Or la raison de PΛ à ΛX est donnée; donc la raison de ZB à ZΘ est aussi donnée. Mais la droite BZ est donnée, puisqu'elle est égale au rayon; donc la droite ZΘ est aussi donnée. Donc la raison de BZ à ZΘ est composée de la raison du carré construit sur BΔ au carré construit sur ΔX, et de la raison de BZ à ZX. Mais la raison de BZ à ZΘ est composée de la raison de BZ à ZX, et de la raison de ZX à ZΘ ; donc si nous retranchons la raison commune de BZ à ZX, la raison restante, c'est-à-dire la raison du carré construit sur la droite BΔ qui est donné, au carré construit sur la droite ΔX, sera égale à la raison de XZ à la droite ZΘ, qui est donnée ; mais la droite ZΔ est donnée. Il faut donc couper la droite donnée ΔZ en un point X, de manière que la droite XZ soit à la droite donnée ZΘ comme le carré construit sur BΔ est au carré construit sur ΔX; et si cela est énoncé d'une manière générale, il y aura une solution; si, au contraire, on ajoute les choses trouvées, c'est-à-dire que ΔB est double de BZ et que BZ est plus grand que ZΘ, il n'y aura aucune solution. Le problème doit donc être posé ainsi : étant données deux droites ΔB, BZ dont ΔB soit double de BZ; étantdonné aussi le point Θ dans la droite BZ, couper la droite ΔB en un point X, de manière que le carré construit sur BΔ soit un carré construit sur ΔX comme XZ est à ZΘ. Xhacune de ces choses aura à la fin sa solution et sa construction (h).

On construira le problème de cette manière : Que la raison donnée soit la même que celle de la droite Π à la droite Σ, la droite Π étant plus grande que la droite Σ. Soit donnée aussi une sphère quelconque ; que cette sphère soit coupée par un plan conduit par le centre. Que la section soit le cercle ABΓΔ ; que ΔB soit le diamètre de ce cercle et le point K son centre. Faisons BZ égal à KB ; et coupons BZ en un point Θ de manière que ΘZ soit à ΘB comme Π est à Σ. Coupons aussi BΔ en un point X, de manière que XZ soit à ΘZ comme le carré construit sur BΔ est au carré construit sur ΔX; et faisons passer par le point X un plan perpendiculaire sur BΔ. Je dis que ce plan coupera la sphère de manière que le plus grand segment sera au plus petit comme Π est à Σ.

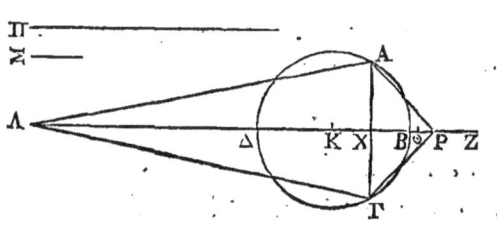

Faisons en sorte que la somme des droites KB, BX soit à la droite BX comme ΛX est à ΔX ; et que la somme des droites KΔ, ΔXsoit à la droite ΔX comme PX est à XB. Menons les droites AΛ, ΛΓ, AP, PΓ. La surface comprise sous PΛ, ΛΔ, sera par construction, ainsi que nous l'avons démontré plus haut, égale au carré construit sur ΛK et la droite KΛ sera à la droite ΛΔ comme BΔ est à ΔX. Donc le carré construit sur KΛ est au carré construit sur ΛΔ comme le carré construit sur BΔ est au carré construit sur ΔX. Mais la surface comprise sous PΛ, ΛΔ est égale au carré construit sur ΛK ; donc la droite PΛ est à la droite ΛΔ comme le carré construit sur ΛK est au carré construit sur ΛΔ. Donc aussi la droite PΛ est à la droite ΛΔ comme le carré construit sur BΔ est au carré construit sur ΔX, c'est-à-dire, comme XZ est à ZΘ. Mais la somme des droites KB, BX est à la droite BX comme ΛX est à ΔX,et la droite KB est égale à la droite BZ ; donc la droite ZX sera à la droite XB comme ΛX est à XΔ ; et par conversion, la droite XZ sera à ZB comme XΛ est à ΛΔ. Donc aussi la droite ΛΔ sera à la droite ΛX comme BZ est à ZX. Mais PΛ est à ΛΔ comme XZ est à ZΘ ; et ΔΛ est à ΛX comme BZ est à ZX ; donc, par raison d'égalité dans la proportion troublée, la droite PΛ sera à la droite ΛX comme BZ est à ZΘ. Donc aussi ΛX est à XP comme ZΘ est à ΘB. Mais ZΘ est à ΘB comme Π est à Σ ; donc aussi ΛX est à XP,c'est-à-dire que le cône AΓΛ est au cône APΓ, c'est-à-dire que le segment sphérique AΔΓ est au segment ABΓ comme Π est à Σ (θ).

PROPOSITION VI.

Construire un segment sphérique semblable à un segment sphérique donné, et égal à un autre segment sphérique aussi donné.

Soient ABΓ, EZH, les deux segments sphériques donnés. Que la base du segment ABΓ soit le cercle décrit autour du diamètre AB, et que son sommet soit le point Γ ; que la base du segment EZH soit le cercle décrit autour du diamètre EZ, et que son sommet soit le point H. Il faut construire un segment qui soit égal au segment ABΓ et semblable au segment EZH.

Supposons que ce segment soit trouvé, et que ce soit le segment ΘKΛ qui a pour base le cercle décrit autour du diamètre ΘK, et pour sommet le point Λ. Soient aussi dans ces sphères les cercles ANBΓ, ΘXKΛ, EOZH, dont les diamètres soient perpendiculaires sur la base du segment, et dont les centres soient les points Π, P, Σ. Faisons en sorte que la somme des droites ΠN, NT soit à la droite NT comme XT est à TΓ ; que la somme des droites PΞ, ΞY soit à la droite ΞY comme ΨY est à YΛ, et qu'enfin la somme des droites ΣO, OΦ soit à OΦ comme ΩΦ est à ΦH. Concevons des cônes qui aient pour bases les cercles décrits autour des diamètres AB, ΘK, EZ, et pour sommets les points Ξ, Y, Ω.

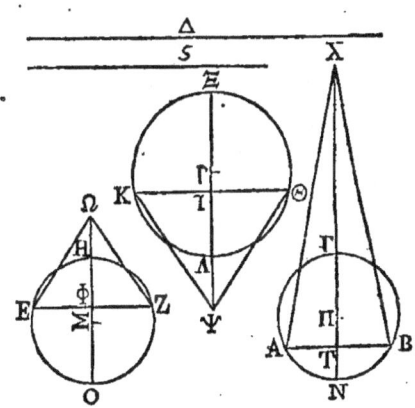

Le cône ABX sera égal au segment sphérique ABΓ, le cône YΘK égal au segment sphérique AKΛ, et enfin le cône EΩZ égal au segment sphérique EHZ, ce qui a été démontré (2, 3). Puisque le segment sphérique ABΓ est égal au segment ΘKΛ, le cône AXB sera aussi égal au cône ΨΘK. Mais les bases des cônes égaux sont réciproquement proportionnelles à leurs hauteurs ; donc le cercle décrit autour du diamètre AB est au cercle décrit autour du diamètre ΘK comme ΨY est à XT. Mais le premier cercle est au second comme le carré construit sur AB est au carré construit sur ΘK; donc le carré construit sur AB est au carré construit sur ΘK comme YY est à XT. Mais le segment EZH est semblable au segment ΘKΛ ; donc le cône EZH est aussi semblable au cône YΘK, ce qui sera démontré (α) ; donc ΩΦ est à EZ comme ΨY est à ΘK. Mais la raison de ΩΦ à EZ est donnée; donc la raison de ΨY à ΘK est aussi donnée. Que cette dernière raison soit la même que celle de XT à Δ. Puisque la droite XT est donnée, la droite Δ est aussi donnée. Mais ΨY est à XT, c'est-à-dire, le carré construit sur AB est au carré construit sur ΘK comme ΘK est à Δ ; donc si nous supposons que la surface comprise sous AB, Ϛ soit égale au carré construit sur ΘK, le carré construit sur AB sera au carré construit sur ΘK comme AB est à z. Mais on a démontré que le carré construit sur AB est au carré construit sur ΘK comme ΘK est à Δ ; donc, par permutation, la droite AB est à la droite ΘK comme Ϛ est à Δ. Mais AB est à ΘK comme ΘK est à Ϛ, parce que la surface comprise sous AB, Ϛ est égale au carré construit sur ΘK ; donc AB est à ΘK comme ΘK est Ϛ, et comme Ϛ est à Δ. Donc les droites ΘK, Ϛ sont deux moyennes proportionnelles entre AB, Δ.

On construira ce problème de cette manière. Soient deux segments sphériques ABΓ, EZH ; que ABΓ soit celui auquel il faut construire un segment égal, et EZH celui auquel il faut construire un segment semblable. Soient les grands cercles AΓBN, HEOΣ; que ΓN, HO soient leurs diamètres, et Π, Σ leurs centres. Faisons en sorte que la somme des droites ΠN, NT soit à la droite NT comme XT est à TΓ ; et que la somme des droites ΣO, OΦ soit à OΦ comme ΩΦ est à ΦH. Le cône XAB sera égal au segment sphérique ABΓ, et le cône ZΩE sera égal au segment sphérique EHZ. Faisons en sorte que ΩΦ soit à EZ comme XT est à Δ ; entre les deux droites AB, Δ, prenons deux moyennes proportionnelles ΘK, z, de manière que AB soit à ΘK comme ΘK est à С, et comme С est à Δ. Sur ΘK construisons un segment circulaire ΘKΔ semblable au segment circulaire EZH : achevons le cercle, et que son diamètre soit ΛΞ. Concevons enfin une sphère dont AΘΞK soit un grand cercle, et dont le centre soit le point P ; et par la droite ΘK, faisons passer un plan perpendiculaire sur ΛΞ. Le segment sphérique construit du côté où est la lettre Λ sera semblable au segment sphérique EZH, puisque les segments circulaires sont semblables.

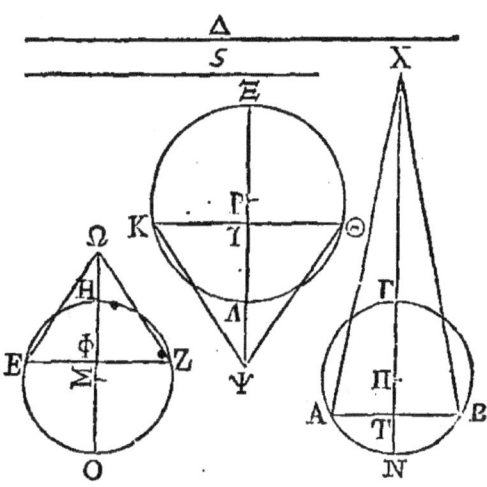

Je dis aussi que ce segment sphérique sera égal au segment ABΓ. Faisons en sorte que la somme des droites ΠΞ, ΞY soit à la droite ΞY comme YY est à YΛ. Le cône YΘK sera égal au segment sphérique ΘKΛ (II, 3). Mais le cône YΘK est semblable au cône ZΩE; donc la droite ΩΦ est à la droite EZ, c'est-à-dire, la droite XT est à Δ comme ΨY est à ΘK. Donc, par permutation, et par inversion, la droite ΨY est à XT comme ΘK est à Δ. Mais les droites AB, KΘ, С, Δ sont tour à tour proportionnelles (β); donc le carré construit sur AB est au carré construit sur ΘK comme ΘK est à Δ. Mais la droite ΘK est à la droite Δ comme ΨY est à XT ; donc le carré construit sur AB est au carré construit sur KΘ, c'est-à-dire, le cercle décrit autour du diamètre AB est au cercle décrit autour du diamètre ΘK comme ΨY est à XT ; donc le cône XAB est égal au cône ΨΘK. Donc le segment sphérique ABΓ est aussi égal

LIVRE SECOND.

au segment-sphérique ΘΚΛ. Donc on a construit un segment sphérique ΘΚΛ égal au segment donné ΑΒΓ, et semblable à l'autre segment sphérique donné ΕΖΗ (γ).

PROPOSITION VII.

Étant donnés deux segments de la même sphère, ou de différentes sphères, trouver un segment sphérique qui soit semblable à l'un des deux et qui ait une surface égale à celle de l'autre.

Soient deux segments sphériques construits dans les portions de circonférence ΑΒΓ, ΔΕΖ ; que le segment construit dans la portion de circonférence ΑΒΓ soit celui auquel le segment qu'il faut trouver doit être semblable; et que le segment construit dans la portion de circonférence ΔΕΖ soit celui à la surface duquel la surface du segment qu'il faut trouver doit être égale.

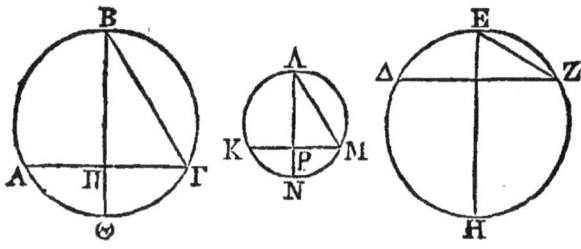

Supposons que cela soit fait. Que le segment sphérique ΚΛΜ soit semblable au segment ΑΒΓ et que la surface de ce segment soit égale à la surface du segment ΔΕΖ. Xoncevons les centres de ces sphères ; par leurs centres conduisons des plans perpendiculaires sur les bases de ces segments; que les sections des sphères soient les grands cercles ΚΛΜΝ, ΒΑΘΓ, ΕΖΗΔ ; que ΚΜ, ΑΓ, ΔΖ, soient dans les bases des segments, et enfin que dans ces sphères les diamètres perpendiculaires sur ΚΜ, ΑΓ, ΔΖ soient les droites ΛΝ, ΒΘ, ΕΗ. Menons les droites ΛΜ, ΒΓ, ΕΖ. Puisque la surface du segment sphérique ΚΛΜ est égale à la surface du segment ΔΕΖ, le cercle qui a un rayon égal à la droite ΜΛ sera égal au cercle qui a un rayon égal à la droite ΕΖ, parce que nous avons démontré que les surfaces des segments dont nous venons de parler sont égales à des cercles qui ont des rayons égaux aux droites menées des sommets des segments aux circonférences de leurs bases (I, 48). Donc la droite MΛ est aussi égale à la droite EZ. Mais puisque le segment KΛM est semblable au segment ABΓ, la droite PΛ est à la droite PN comme BΠ est à ΠΘ ; et par inversion et par addition, la droite NΛ est à la droite ΛΠ comme ΘB est à BΠ. Mais PΛ est à ΛM comme BΠ est à ΓB, à cause des triangles semblables ΛMΠ, BΓΠ; donc NΛ est à ΛM, c'est-à-dire à EZ comme ΘB est à BΓ et par permutation .... Mais la raison de la droite EZ à la droite BΓ est donnée, puisque ces deux droites sont données; donc la raison de ΛN à BΘ est aussi donnée. Mais la droite BΘ est donnée ; donc la droite ΛN est aussi donnée. Donc la sphère est donnée.

On construira le problème de cette, manière. Soient ABΓ, ΔEZ les deux segments donnés; que ABΓ soit le segment auquel celui qu'il faut trouver doit être semblable, et que ΔEZ soit le segment à la surface duquel la surface de celui qu'il faut trouver doit être égale. Θue la construction soit la même que dans la première partie ; et faisons en sorte que BΓ soit à EZ comme BΘ est à NΛ ; décrivons un cercle autour du diamètre ΛN ; et enfin concevons une sphère dont AKNM soit un grand cercle. Coupons la droite NΛ au point P, de manière que ΘΠ soit à ΘB comme NP est à PΛ ; coupons le cercle AKNM au point P par un plan perpendiculaire sur la droite ΛN ; et menons la droite ΛM. Les segments circulaires appuyés sur les droites KM, AΓ sont semblables. Donc les segments sphériques sont aussi semblables. Mais ΘB est à BΠ comme NΛ est à ΛP, car cela s'ensuit de la construction, et ΠB est à BΓ comme PΛ est à ΛM; donc la droite ΘB est à NΛ comme BΓ est à ΛM. Mais ΘB est à NΛ comme BΓ est à EZ ; donc EZ est égal à ΛM. Donc le cercle qui a pour rayon la droite EZ est égal au cercle qui a un rayon égal à la droite ΛM. Mais le cercle qui a pour rayon la droite EZ est égal à la surface du segment ΔEZ ; et le cercle qui a un rayon égal à la droite ΛM est égal à la surface du segment KΛM, ainsi que cela a été démontré dans le premier livre (I, 48). Donc la surface du segment sphérique KΛM est égale à la surface du segment ΔEZ ; et ce même segment KΛM est semblable au segment ABΓ.

LIVRE SECOND.

PROPOSITION VIII.

Couper un segment d'une sphère par un plan de manière que la raison de ce segment au cône qui a la même base et la même hauteur que ce segment, soit égale à une raison donnée.

Que la sphère donnée soit celle dont ABΓΔ est un grand cercle, et BΔ le diamètre. Il faut couper la sphère par un plan conduit par AΓ de manière que la raison du segment ABΓ au cône ABΓ soit égale à une raison donnée.

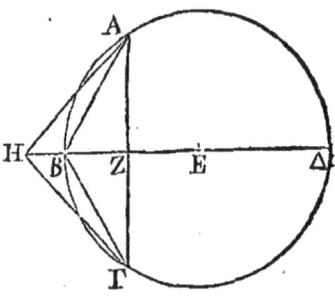

Supposons que cela soit fait. Que le point E soit le centre de la sphère. Que la somme des droites EΔ, ΔZ soit à ΔZ comme HZ est à ZB ; le cône AΓH sera égal au segment ABΓ (II, 3). Donc la raison du cône AHΓ au cône ABΓ est donnée. Donc la raison de HZ à ZB est aussi donnée. Mais HZ est à ZB comme la somme des droites EΔ, ΔZ est à la droite ΔZ ; donc la raison de la somme des droites EΔ, ΔZ à la droite ΔZ est donnée, et par conséquent la raison de EΔ à ΔZ. Donc la droite ΔZ est donnée, et par conséquent la droite AΓ. Mais la raison de la somme des droites EΔ, ΔZ à la droite ΔZ est plus grande que la raison de la somme des droites EΔ, ΔB à la droite ΔB; et la somme des droites EΔ, ΔB est égale à la droite EΔ prise trois fois, et enfin la droite ΔB est égale à la droite EΔ prise deux fois. Donc la raison de la somme des droites EΔ, ΔZ à ΔZ est plus grande que la raison de trois à deux. Mais la raison de la somme des droites EΔ, ΔZ à la droite ΔZ est la même que la raison donnée. Il faut donc, pour que la construction soit possible, que la raison donnée soit plus grande que la raison de trois à deux.

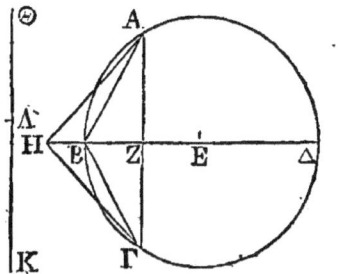

On construira le problème de cette manière. Que la sphère donnée soit celle dont ABΓΔ est un grand cercle, la droite BΔ le diamètre, et le point E le centre ; que la raison donnée soit la même que celle de KΘ à KΛ, et que cette raison soit plus grande que celle de trois à deux. Mais trois sont à deux comme la somme des droites EΔ, ΔB est à la droite ΔB ; donc la raison de ΘK à KΛ est plus grande que la raison de la somme des droites EΔ, ΔB à la droite ΔB. Donc, par soustraction, la raison de ΘΛ à ΛK est plus grande que la raison de EΔ à ΔB. Faisons en sorte que ΘΛ soit à ΛK comme EΔ est à ΔZ ; par le point Z, menons la droite AZΓ perpendiculaire sur BΔ, et par la droite AΓ, conduisons un plan perpendiculaire sur BΔ. Je dis que la raison du segment sphérique ABΓ au cône ABΓ est la même que la raison de ΘK à KΛ. Car faisons en sorte que la somme des droites EΔ, ΔZ soit à la droite ΔZ comme HZ est à ZB ; le cône ΓAH sera égal au segment sphérique ABΓ (II, 3). Mais ΘK est à KΛ comme la somme des droites EΔ, ΔZ est à la droite ΔZ, c'est-à-dire comme HZ est à ZB, c'est-à-dire comme le cône AHΓ est au cône ABΓ (II, 3) ; et le cône AHΓ est égal au segment sphérique ABΓ. Donc le segment ABΓ est au cône ABΓ comme ΘK est à KΛ.

PROPOSITION IX.

Si une sphère est coupée par un plan qui ne passe pas par le centre ; la raison du grand segment au petit sera moindre que la raison doublée de la surface du grand segment à la surface du petit segment, et plus grande que la raison sesquialtère (α).

Soit une sphère ; que ABΓΔ soit un de ses grands cercles, et BΔ le diamètre de ce cercle ; par la droite AΓ, conduisons un plan perpendiculaire sur le cercle ABΓΔ, et que ABΓ soit le plus grand segment. Je dis que la raison du segment ABΓ au segment AΔΓ est moindre que la raison doublée de la surface du grand segment à la surface du petit, et plus grande que la raison sesquialtère.

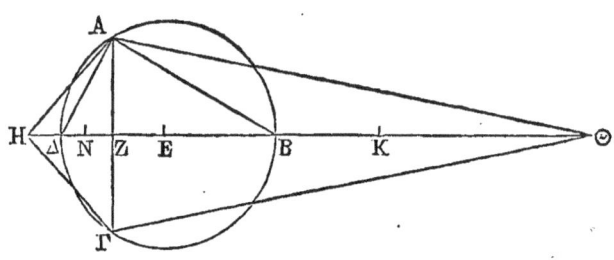

Menons les droites BA, AΔ ; que le centre soit le point E ; et faisons en sorte que la somme des droites EΔ, ΔZ soit à la droite ΔZ comme ΘZ est à ZB ; et que la somme des droites EB, EZ soit à la droite BZ comme HZ est à ZΔ. Concevons deux cônes qui aient pour base le cercle décrit autour du diamètre AΓ, et leurs sommets aux points Θ, H. Λe cône AΘΓ sera égal au segment ABΓ, et le cône AΓH égal au segment AΔΓ (II, 3). Mais le carré construit sur BA sera au carré construit sur AΔ comme la surface du segment ABΓ est à la surface du segment AΔΓ; ainsi que cela a été démontré plus haut (I, 48); il faut donc démontrer que la raison du grand segment au petit segment est moindre que la raison doublée de la surface du grand segment à la surface du petit segment : ou ce qui est la même chose, il faut démontrer que la raison du cône AΘΓ au cône AHΓ, c'est-à-dire que la raison de ZΘ à ZH est moindre que la raison doublée du carré construit sur BA au carré construit sur AΔ, c'est-à-dire que la raison doublée de BZ à ZX.

Puisque la somme des droites EΔ, ΔZ est à la droite ΔZ comme ΘZ est à ZB, et que la somme des droites EB, BZ est à la droite BZ comme ZH est à ZΔ, la droite BZ sera à la droite ZΔ comme ΘB est à BE (β), la droite BE étant égale à la droite EΔ ; cela a été démontré dans les théorèmes précédents. De plus, puisque la somme des droites EB, BZ est à la droite BZ comme HZ est à ZΔ, si nous faisons BK égal à BE, il est évident que ΘB sera plus grand que BE, à cause que BZ est plus grand que ZΔ (γ) ; et la droite KZ sera à la droite ZB comme HZ est à ZΔ (δ). Mais nous avons démontré que ZB est à ZΔ comme ΘB est à BE, et la droite BE est égale à la droite KB; donc ΘB est à BK comme KZ est à ZH. Mais la raison de ΘZ à ZK est moindre que la raison de ΘB à BK (ε), et nous avons démontré que ΘB est à BK comme KZ est à ZH ; donc la raison de ΘZ à ZK est moindre que la raison de KZ à ZH. Donc la surface comprise sous ΘZ, ZH est plus petite que le carré construit sur ZK. Donc la raison de la surface comprise sous ΘZ,ZH au carré construit sur ZH, c'est-à-dire la raison de ZΘ à ZH est moindre que la raison du carré construit sur KZ au carré construit sur ZH. Mais la raison du carré construit sur KZ au carré construit sur ZH est doublée de la raison de KZ à ZH; donc la raison de ΘZ à ZH est moindre que la raison doublée de KZ à ZH. Mais KZ est à ZH comme BZ est à ZΔ; donc la raison de ΘZ àZH est moindre que la raison doublée de BZ à ZΔ, et c'est là ce que nous cherchions.

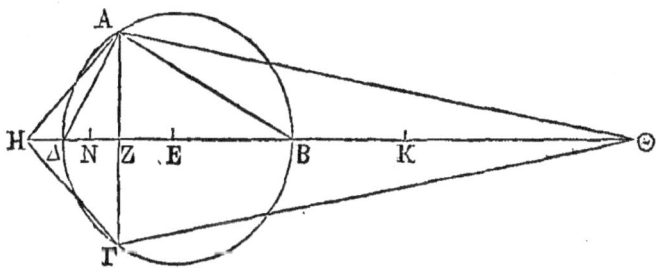

Puisque BE est égal à EΔ, la surface comprise sous BZ, ZΔ sera plus petite que la surface comprise sous BE, EΔ (z). Donc la raison de BZ à BE est moindre que la raison de EΔ à ΔZ, c'est-à-dire que la raison de ΘB à BZ. Donc le carré construit sur ZB est moindre que la surface comprise sous ΘB, BE, c'est-à-dire que la surface comprise sous ΘB, BK. Que le carré construit sur BN soit égal à la surface comprise sous ΘB, BK ; la droite ΘB sera à la droite BK comme le carré construit sur ΘN est au carré construit sur NK (θ). Mais la raison du carré construit sur ΘZ au carré construit sur ZK est plus grande que la raison du carré construit sur ΘN au carré construit sur NK ; donc aussi la raison du carré construit sur ΘZ au carré construit sur ZK est plus grande que la raison de ΘB à BK, c'est-à-dire que la raison de ΘB à BE, c'est-à-dire que la raison de KZ à ZH. Donc la raison de ΘZ à ZH est plus grande que la raison sesquialtère de KZ à ZH, ce que nous démontrerons à la fin (ι). Mais ΘZ est à ZH comme le cône AΘΓ est au cône AHΓ, c'est-à-dire comme le segment ABΓ est au segment AΔΓ. Mais KZ est à KH comme BZ est à ZΔ ; c'est-à-dire comme le carré construit sur BΔ est au carré construit sur AΔ ; c'est-à-dire comme la surface du segment ABΓ est à la surface du segment AΔΓ; donc la raison du grand segment au petit segment est moindre que la raison doublée de la surface du grand segment à la surface du petit segment, et plus grande que la raison sesquialtère.

AUTREMENT (k).

Soit la sphère dont ABΓΔ est un grand cercle la droite AΓ le diamètre, et le point E le centre; et que cette sphère soit coupée par un plan conduit par BΔ et perpendiculaire sur AΓ. Je dis que la raison du grand segment ΔAB au petit BΓΔ est moindre que la raison doublée de la surface du segment ABΔ à la surface du segment BΓΔ et plus grande que la raison sesquialtère.

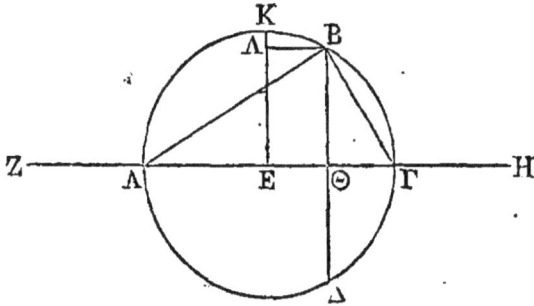

Menons les droites AB, BΓ. La raison de la surface du segment ABΔ à la surface du segment BΓΔ est égale à la raison du cercle qui a pour rayon la droite AB au cercle qui a pour rayon la droite BΓ, c'est-à-dire à la raison de AΘ à ΘΓ. Supposons que chacune des droites AZ, ΓH soit égale au rayon du cercle. La raison du segment BAΔ au segment BΓΔ est composée de la raison du segment BAΔ au cône qui a pour base le cercle décrit autour du diamètre BΔ et pour sommet le point A, de la raison du même cône au cône qui a la même base et qui a pour sommet le point Γ, et enfin de la raison du cône dont nous venons de parler au segment BΓΔ (λ). Mais la raison du segment BAΔ au cône BAΔ est la même que celle de HΘ à ΘΓ, la raison du cône BAΔ au cône BΓΔ est la même que celle de AΘ à ΘΓ, et enfin la raison du cône BΓΔ au segment BΓΔ est la même que la raison de AΘ à ΘZ : et de plus la raison qui est composée de la raison de HΘ à ΘΓ et de la raison de AΘ à ΘΓ est la même que celle de la surface comprise sous AΘ, ΘH au carré construit sur ΘΓ ; et la raison qui est composée de la raison de la surface comprise sous HΘ, ΘA au carré construit sur ΓΘ, et de la raison de AΘ à ΘZ est la même que la raison de la surface comprise sous HΘ, ΘA et multipliée par ΘA au carré construit sur ΘΓ et multiplié par ΘZ (μ); et la raison de la surface comprise sous HΘ, ΘA et multipliée par ΘA au carré construit sur ΘΓ et multiplié par ΘZ est la même que la raison du carré construit sur AΘ et multipliée par ΘH au carré construit sur ΘΓ et multiplié par ΘZ ; et enfin la raison de la surface comprise sous HΘ, ΘA et multipliée par ΘA au carré construit sur ΘΓ et multiplié par ΘH est la même que celle du carré construit sur ΘA au carré construit sur ΘΓ. Donc, puisque la raison du carré construit sur ΘA et multiplié par ΘH au carré construit sur ΓΘ et multiplié par ZΘ est moindre que la raison doublée de AΘ à ΘΓ ; et que la raison du carré construit sur AΘ au carré construit par ΘΓ est doublée de la raison de AΘ à ΘΓ ; la raison du carré construit sur AΘ et multiplié par HΘ au carré construit sur ΘΓ et multiplié par ΘZ sera moindre que la raison du carré construit sur AΘ et multiplié par HΘ au carré construit sur ΓΘ et multiplié par ΘH. Il faut donc démontrer que le carré construit par ΓΘ et multiplié par ZΘ est plus grand que le carré construit sur ΓΘ et multiplié par ΘH ; c'est pourquoi il faut démontrer que ΘZ est plus grand que ΘH.

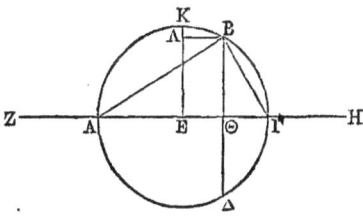

LIVRE SECOND.

Je dis maintenant que la raison du grand segment au plus petit est plus grande que la raison sesquialtère de la surface du grand segment à la surface du petit segment. Mais on a démontré que la raison des segments est la même que celle du carré construit sur AΘ et multiplié par ΘH au carré construit sur ΓΘ et multiplié par ΘZ, et la raison du cube construit sur AB au cube construit sur BΓ est sesquialtère de la raison de la surface du grand segment à la surface du petit segment. Je dis donc que la raison du carré construit sur AΘ et multiplié par ΘH au carré construit sur ΓΘ et multiplié par ΘZ est plus grande que la raison du cube construit sur AB au cube construit sur BΓ, c'est-à-dire que la raison du cube construit sur AΘ au cube construit sur ΘB ; c'est-à-dire que la raison du carré construit sur AΘ au carré construit sur BΘ, et que la raison de AΘ à ΘB. Mais la raison du carré construit sur AΘ au carré construit sur ΘB, avec la raison de AΘ à ΘB est la même que celle du carré construit sur AΘ à la surface comprise sous ΓΘ, ΘB ; et la raison du carré construit sur AΘ à la surface comprise sous ΓΘ, ΘB est la même que celle du carré construit sur AΘ et multiplié par ΘH à la surface comprise sous ΓΘ, ΘB et multipliée par ΘH. Je dis donc que la raison du carré construit sur BΘ et multiplié par ΘH au carré construit sur ΓΘ et multiplié par ΘZ est plus grande que celle du carré construit sur AΘ à la surface comprise sous BΘ, ΘΓ ; c'est-à-dire que celle du carré construit sur AΘ et multiplié par ΘH à la surface comprise sous BΘ, ΘΓ et multipliée par ΘH. Il faut donc démontrer que le carré construit sur ΓΘ et multiplié par ΘZ est plus petit que la surface comprise sous BΘ, ΘΓ et multipliée par ΘH ; ce qui est la même chose que de démontrer que la raison du carré construit sur ΓΘ à la surface comprise sous BΘ, ΘΓ est moindre que celle de HΘ à ΘZ. Il faut donc démontrer que la raison de HΘ à ΘZ est plus grande que celle de ΓΘ à ΘB. Du point E menons la droite EK perpendiculaire sur EΓ, et du point B la droite BΛ perpendiculaire sur la droite EK. Il reste à démontrer que la raison de HΘ à ΘZ est plus grande que la raison de ΓΘ à ΘB. Mais la droite ΘΓ est égale à la somme des droites AΘ, KE ; il faut donc démontrer que la raison de HΘ à la somme des droites ΘA, KE, est plus grande que la raison de ΓΘ à ΘB. C'est pourquoi ayant retranché ΓΘ de ΘH et EΛ qui est égale à BΘ de KE, il faudra démontrer que la raison de la droite restante ΓΗ à la somme des droites restantes ΑΘ, ΚΛ est plus grande que celle de ΓΘ à ΘΒ, c'est-à-dire que celle de ΘΒ à ΘΑ ; c'est-à-dire que celle de ΛΕ à ΘΛ ; et que, par permutation, la raison de ΚΕ à ΕΛ sera plus grande que la raison de la somme des droites ΚΛ, ΘΑ à la droite ΘΑ, et qu'enfin, par soustraction, la raison de ΚΛ à ΛΕ sera plus grande que celle de ΚΛ à ΘΑ et que par conséquent la droite ΛΕ sera plus petite que ΘΑ (v).

PROPOSITION X.

Parmi les segments sphériques qui ont des surfaces égales, celui qui comprend la moitié de la sphère est le plus grand.

Soit une sphère dont ΑΒΓΔ soit un de ses grands cercles, et ΑΓ son diamètre, soit aussi une autre sphère dont ΕΖΗΘ soit un de ses grands cercles, et ΕΗ son diamètre. Que l'une soit coupée par un plan qui passe par son centre, et que l'autre soit coupée par un plan qui ne passe pas par son centre. Que les plans coupants soient perpendiculaires sur les diamètres ΑΓ, ΕΗ et que ces plans soient conduits par les lignes ΔΒ, ΖΘ. Le segment sphérique construit dans l'arc ΖΕΘ est la moitié de la sphère ; et parmi les segments construits dans la circonférence ΒΑΔ, un des segments de la figure où se trouve la lettre Σ est plus grand que la moitié de la sphère, tandis que l'autre est plus petit que la moitié de cette même sphère. Que les surfaces des segments dont nous venons de parler soient égales. Je dis que la demi-sphère qui est construite dans l'arc ΖΕΘ est plus grande que le segment construit dans l'arc ΒΑΔ.

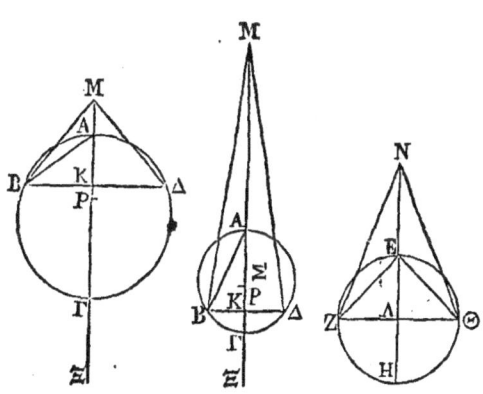

Car puisque les surfaces des segments dont nous venons de parler sont égales, il est évident que la droite BA est égale à la droite EZ. Car on a démontré que la surface d'un segment quelconque est égale à un cercle qui a un rayon égal à la droite menée du sommet du segment à la circonférence de sa base (I, 48). Mais dans la figure où se trouve la lettre Σ, l'arc BAΔ est plus grand que la moitié de la circonférence; il est donc évident que le carré construit sur AB est moindre que le double du carré construit sur AK, et plus grand que le double du carré construit sur le rayon. Que la droite ΓΞ soit égale au rayon du cercle ABΔ, et faisons en sorte que ΓΞ soit à ΓK comme MA est à AK. Sur le cercle décrit autour du diamètre BΔ, construisons un cône qui ait son sommet au point M ; ce cône sera égal au segment sphérique qui est construit dans l'arc BAΔ (II, 3). Faisons EN égal à EΛ, et sur le cercle décrit autour du diamètre ΘZ construisons un cône qui ait son sommet au point N ; ce cône sera égal à la demi-sphère construite dans l'arc ΘEZ. Mais la surface comprise sous AP, PΓ est plus grande que la surface comprise sous AK, KΓ, parce que le plus petit côté de l'une de ces surfaces est plus grand que le plus petit côté de l'autre (α); et le carré construit sur AP est égal à la surface comprise sous AK, ΓΞ, à cause que ce carré est égal à la moitié du carré construit sur AB (β). Donc la somme de la surface comprise sous AP, PΓ et du carré construit sur AP est plus grande que la somme de la surface comprise sous AK, KΓ et de la surface comprise sous AK, ΓΞ. Donc la surface comprise sous ΓA, AP est plus grande que la surface comprise sous ΞK, KA (γ). Mais la surface comprise sous MK, KΓ est égale à la surface comprise sous ΞK, KA. Donc la surface comprise sous ΓA, AP est plus grande que la surface comprise sous MK, KΓ. Donc la raison de ΓA à ΓK est plus grande que la raison de MA à AP. Mais la droite AΓ est à la droite ΓK comme le carré construit sur AB est au carré construit sur BK ; il est donc évident que la raison de la moitié du carré construit sur AB, qui est égal au carré construit sur AP, au carré construit sur BK est plus grande que la raison de la droite MK au double de AP, laquelle est égale à ΛN. Donc la raison du cercle décrit autour du diamètre ΘZ au cercle décrit autour du diamètre BΔ est plus grande que la raison MK à NΛ. Donc le cône qui a pour base le cercle décrit autour du diamètre ZΘ et pour sommet le point N est plus grand que le cône qui a pour base le cercle décrit autour du diamètre BΔ et pour sommet le point M. Il est donc encore évident que la demi-sphère construite dans l'arc EZΘ est plus grande que le segment construit dans l'arc BAΔ.

Commentaire sur le Second Livre

PROPOSITION II.

(α) Alors au lieu de $\Gamma\Delta^2 : H\Theta^2 :: H\Theta : EZ$, on aura $\Gamma\Delta : \Gamma\Delta^2 \times MN : EZ$; ou bien $\Gamma\Delta : MN :: H\Theta : EZ$, et par permutation $\Gamma\Delta : H\Theta :: MN : EZ$. Mais $H\Theta^2 = \Gamma\Delta \times MN$; donc $\Gamma\Delta : H\Theta :: H\Theta : MN$. Mais $\Gamma\Delta : H\Theta :: MN : EZ$; donc $\Gamma\Delta : H\Theta :: H\Theta : MN :: MN : EZ$. Cette note se rapporte à la fin de la phrase précédente.

(β) Car le cylindre $\Gamma Z\Delta$ étant construit, il est évident que le diamètre de sa base et son axe sont nécessairement donnés.

(γ) Archimède n'en donne pas le moyen. Eutocius expose très au long les différentes manières de résoudre le problème des deux moyennes proportionnelles. J'aurais fait avec plaisir un extrait de son commentaire, si je n'avais pas craint de trop grossir le volume. Je me contenterai de dire que ce problème a été résolu par Platon, Archytas, Héron, Philon de Byzance, Apollonius, Dioclès, Pappus, Sporus, Menechime, Eratosthène et Nicomède. On sait qu'avec la ligne droite et le cercle seulement le problème n'a point de solution, c'est-à-dire qu'on ne saurait résoudre ce problème avec la géométrie ordinaire,

(δ) Puisque $\Gamma\Delta : H\Gamma :: MN : EZ$; par permutation et à cause que $H\Theta = K\Lambda$, on aura $TA : MN :: K\Lambda : EZ$. Mais $\Gamma\Delta : MN :: \Gamma\Delta : H\Theta$; donc $\Gamma\Delta : H\Theta :: K\Lambda : EZ$. Donc cer. $\Gamma\Delta$: cer. $H\Theta :: K\Lambda : EZ$. Donc les bases E, K des cylindres sont réciproquement proportionnelles à leurs hauteurs.

PROPOSITION III.

(α) Il est entendu que la base de ce cône doit être égale au cercle qui a pour rayon la droite $B\Gamma$.

(β) La démonstration du premier livre ne regarde qu'un secteur sphérique dont la surface est plus petite que la moitié de la surface de la sphère; mais il est facile d'en conclure que l'autre secteur BΘZA est aussi égal à un cône qui a pour base le cercle décrit autour de BΓ comme diamètre, et pour hauteur le rayon de la sphère.

(γ) Par permutation et addition.

(δ) Dans toute proportion géométrique, le carré de la somme des deux premiers termes est à leur produit comme le carré de la somme des deux derniers est à leur produit. Soit la proportion géométrique $a : aq :: b : bq$; je dis qu'on aura :

$(a + aq)^2 : a^2q :: (b + bq)^2 : b^2q$.

En effet, ces quatre quantités peuvent être mises sous la forme suivante :

$(1 + q)^2 a^2, a^2q, (1 + q)^2 b^2, b^2q$.

Divisant les deux premiers termes par a^2 et les deux derniers par b^2, on aura les deux raisons égales :

$(1 + q)^2 : q$, et $(1 + q)^2 : q$.

(ε) On pourrait démontrer de la manière suivante que AE : EΓ :: ΘA + AE : AE, lorsque le segment solide ABΓ est égal au cône AΔΘ, ou ce qui est la même chose, lorsque le secteur solide BΓZΘ est égal au rhombe solide BΔZΘ.

Supposons donc que le secteur solide BΓZΘ, ou le cône M soit égal au rhombe solide BΔZΘ. Nous aurons, ΘΔ : ΘΓ :: cer. BΓ :cer. BE :: BΓ² : BE² :: AΓ² : AB² :: AΓ : AE. Donc ΘA : ΘΓ :: AΓ : AE. D'où l'on déduit, par soustraction, ΓΔ : ΘΓ :: EΓ : AE; par permutation, ΓΔ : EΓ :: ΘΓ : AE; et enfin par addition,

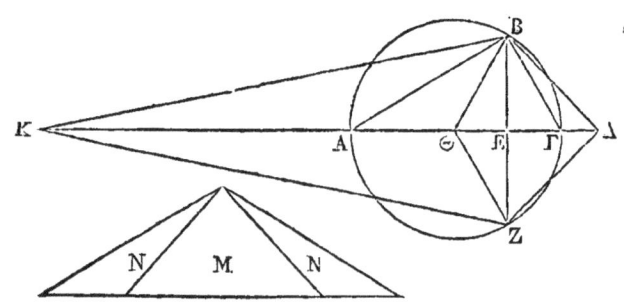

ΔE : EΓ :: AΘ + AE : AE. Ce qu'il fallait démontrer.

Je démontrerais ensuite que KE : EA :: ΘΓ+ ΓE : ΓE, lorsque le segment solide BAZ est égal au cône BKZ, ou lorsque le secteur solide BΘZA est égal à la figure solide BΘZK, en me conduisant de la même manière.

Supposons en effet que le secteur solide BΘZA, ou que le cône N soit égal à la figure solide BΘZK; nous aurons, KΘ : AΘ :: cer. BA : cer. BE :: BA² : BE² :: AΓ² : BΓ² :: AΓ : EΓ. Donc KΘ : AΘ :: AΓ : EΓ. D'où l'on déduit par soustraction, KA : AΘ :: AE : EΓ; par permutation, KA : AE :: AΘ : EΓ ; et enfin par addition, KE : AE :: ΘΓ + EΓ : EΓ. Ce qu'il fallait démontrer.

PROPOSITION V.

(α) Par permutation et par addition.

(β) Parce que dans la proportion continue, le premier terme est au troisième comme le carré du premier est au carré du second.

(γ) En effet, puisque XΔ : XB :: KB : BP, et que ΔX est plus grand que BX, la droite KB sera plus grande que la droite BP.

(δ) Parce que la somme des deux premiers termes d'une proportion est au premier comme la somme des deux derniers est au troisième.

(ε) Si l'on a trois quantités a, b, c, la raison de la première à la seconde est la même que la raison composée de la raison de la première à la troisième, et de la raison de la troisième à la seconde; c'est-à-dire, que la raison de $a : b$ est composée de la raison de la raison a à b, et de la raison de $c : b$; c'est à-dire, que la raison a à b est égale à la raison de ac à bc.

(z) Cette solution et cette construction ne se trouvent point dans Archimède. Voyez sur ce problème la note suivante. Cette note, qui m'a paru très intéressante, m'a été communiquée par M. Poinsot.

(θ) Il est bien aisé de voir que la construction d'Archimède résoudrait le problème ; car il faut que le plus grand segment soit au plus petit comme Π à Σ, ou le plus grand segment à la sphère comme Π à Π + Σ ; or, en nommant r le rayon, et x l'apothème KΞ, la première proportion d'Archimède,

ΘZ : ΘB :: Π : Σ, donne ΘZ : r :: Π : Π +Σ.

La deuxième, (A)

XZ : ΘZ :: BΔ² : ΔX², devient $2r - x : \Theta Z :: 4r^2 : (r+x)^2$. D'où, en multipliant par ordre, on tire :

$$2r - x : r :: 4r^2 \Pi : (r+x)^2 (\Pi + \Sigma), \qquad (B);$$

ou bien, en faisant passer le facteur $(r + x)^2$ à l'autre extrême, et le facteur $4r^2$ à l'autre moyen, ce qui est permis :

$$(2r - x)(r + x)^2 : 4r^3 :: \Pi : \Pi + \Sigma.$$

Mais le premier terme $(2r - x)(r+x)^2$ étant multiplié par le tiers du rapport p de la circonférence au diamètre, donne le volume du segment dont x est l'apothème et $r + x$ la flèche ; et le deuxième $4r^3$ étant multiplié par le même nombre donne la sphère. Donc, etc.

Réciproquement, si l'on voulait poser immédiatement la proportion du problème, il faudrait faire : le segment, ou p/5 x $(2r-x)(r+x)^2$, à la sphère, ou p/3 x $4r^3$ > comme Π à Π + Σ. D'où l'on déduirait la proportion (B), qu'on pourrait regarder comme le résultat des deux proportions (A) qu'Archimède a su découvrir par son génie.

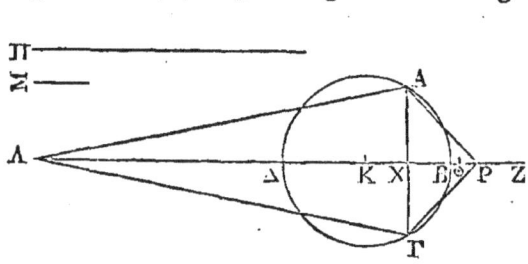

Archimède en promet pour la fin la solution; mais cette solution ne se trouve pas; et s'il entend une solution ordinaire, c'est-à-dire, par la règle et le compas, comment l'a-t-il pu trouver? La proportion donne pour x l'équation du troisième degré :

$$x^3 - 3r^2 x + r^2 . 2r (\Pi-\Sigma)/(\Pi+\Sigma)$$

laquelle, comparée à la formule générale $x^3 + px + q = 0$, donne p essentiellement négatif, et $p^3/27 > q^2/4$, et par conséquent tombe dans le cas irréductible, et a ses trois racines essentiellement réelles. Cette équation répond à la trisection d'un arc j dont la corde c serait égale à $2r (\Pi-\Sigma)/(\Pi+\Sigma)$ dans le cercle dont le rayon est r. Car en nommant x la corde du tiers de cet arc, on a par la géométrie $x^3 - 3r^2x + r^2.c = 0$; de sorte que l'une des racines de l'équation est la corde de l'arc $j/3$; et les deux autres sont les cordes respectives des arcs $(u+j)/3$, $(2u+j)/3$ (en nommant u la circonférence entière). Car on sait que la même corde c répond, non seulement à l'arc j, mais encore aux arcs $u+j$, $2u+j$; et encore à une infinité d'autres $3u+j$, etc. $u - j$, $2u -j$, etc., mais dont les tiers redonneraient les mêmes cordes que les trois premiers.

Ainsi Archimède aurait, par sa construction, exprimé des radicaux cubes par des radicaux carrés, et résolu le problème de la trisection de l'angle, ce qui est impossible. Il faut donc penser que s'il a donné la construction qu'il annonce, elle n'était pas *géométrique*, c'est-à-dire qu'elle se faisait par le moyen du cercle et de quelque autre section conique, telle que la parabole. Mais d'un autre côté, comme il n'emploie jamais dans ses constructions que la règle et le compas, il est plus probable qu'il n'avait pas encore de solution ; et que ne la jugeant pas d'abord supérieure au cercle, il ne l'annonce pour la fin, que dans l'espérance où il est de la trouver lorsqu'il viendra à s'en occuper d'une manière particulière. Et cela devient plus probable encore, si l'on observe que l'inconnue de sa proportion ayant nécessairement trois valeurs réelles différentes, il est impossible que sa construction, quelle qu'elle fût, les ait distinguées pour lui en donner une de préférence aux autres. Or, dans ce cas, il n'aurait pu s'empêcher d'en faire la remarque, et de dire un mot sur ce singulier paradoxe, d'avoir trois valeurs différentes, pour résoudre un problème qui n'a évidemment qu'une seule solution ; car il est évident qu'il n'y a qu'une manière de couper la sphère en deux segments qui soient dans une raison donnée. Il est donc peu probable que la construction d'Archimède soit perdue, puisqu'il est très-probable qu'elle n'a point existé.

Au reste, si l'on veut voir ce que signifient les trois valeurs qu'on trouve pour l'apothème inconnue x, on considérera que la corde c de l'arc j étant $2r$ $(\Pi-\Sigma)/(\Pi+\Sigma)$, et par conséquent plus petite que le diamètre $2r$; $j/3$ est nécessairement moindre qu'un sixième de la circonférence u. Par conséquent la première racine

x = cord. $j/3$ est nécessairement plus petite que le rayon, et les deux autres x' = cord. $(u+j)/3$, x'' = cord. $(2u+j)/3$, sont nécessairement plus grandes. De ces trois valeurs, il n'y a donc que la première qui puisse résoudre le problème que l'on a en vue, puisque l'apothème du segment est toujours plus petite que le rayon de la sphère. Les deux autres racines résolvent donc quelque autre problème analogue intimement lié à celui-là. Elles indiquent deux sections à faire dans le solide décrit par la révolution de l'hyperbole équilatère de même axe que le cercle générateur de la sphère ; et ces sections faites aux distances x' et x'' du centre, déterminent en effet deux segments hyperboliques respectivement égaux à ceux de la sphère proposée. Car si l'on nomme x la perpendiculaire abaissée du centre sur la base du segment hyperbolique, de sorte que $x - r$ en soit la flèche, on trouve, pour le volume de ce segment,

$(x^3 - 3r^2x + x^3) \times p/3$

ce qui est aussi l'expression du segment sphérique dont la flèche est $r - x$. Ainsi la liaison intime de l'hyperbole équilatère au cercle, fait qu'on ne peut résoudre le problème proposé dans la sphère, sans le résoudre en même temps dans l'hyperboloïde de révolution.

La suite des signes dans l'équation, $x^3 - 3r^2x + r^2 . 2r (\Pi-\Sigma)/(\Pi+\Sigma) = 0$, fait voir que des trois racines x, x', x'', deux sont nécessairement positives et la troisième négative ; et l'absence du second terme montre que celle-ci est égale à la somme des deux autres. On prendra donc les deux plus petites cordes, qui sont x et x', en plus; et l'autre x' en moins. La première portée à droite à partir du centre sur le diamètre répondra aux deux segments sphériques qui sont entre eux comme Π à Σ ; la deuxième portée du même côté sur la même ligne répondra au segment hyperbolique égal au segment sphérique adjacent; et la troisième portée à gauche répondra, dans l'autre partie de l'hyperboloïde, à un segment égal au second segment sphérique adjacent : de sorte que ces deux segments de l'hyperboloïde seront aussi entre eux comme Π et Σ, et que leur somme sera aussi égale à la sphère proposée.

Telle est l'analyse de ce problème dont les divers exemples peuvent vérifier ce qu'on vient de dire. Qu'on suppose, par exemple, $\Pi = \Sigma$, auquel cas on veut partager la sphère en deux parties égales. On aura,

cord. $j = 2r (\Pi-\Sigma)/(\Pi+\Sigma) = 0$; par conséquent, $x = $ cord. $j/3 = 0$.

Ce qui indique d'abord la section à faire par le centre, comme cela doit être. Ensuite on aura :

x = cord. $u/3$ = — r ΣΘP(3), et x» = cord. $2u/3$ = $2r$ ΣΘP(3);

ce qui répond à deux segments hyperboliques égaux entre eux et à la demi sphère, comme on peut s'en assurer.

Si l'on suppose Σ = 0, on a cord. j = 2r, et par conséquent j = $u/2$. On a donc x = cord. $u/6$ = r; ce qui indique un segment nul et un autre égal à la sphère. Ensuite x» = cord. (5/6) u = r, et x' = cord. $u/2$ = 2 r, ou plutôt — 2 r ; ce qui indique deux segments dans l'hyperboloïde, l'un nul et l'autre égal à la sphère. Au reste, dans ces deux cas, l'équation offre d'elle-même ses racines; car dans le premier elle devient, $x^3 - 3 r^2 x = 0$, qui donne sur le champ $x = 0$, et $x = \pm$ ΣΘP ($3r^2$) = ± r ΣΘP (3); ce qui est le côté du triangle équilatéral inscrit.

Dans le second cas, elle devient $x^3 - 3 r^2 x + 2r^3 = 0$, et se décompose en ces trois facteurs, $(x - r)$, $(x - r)$, $(x - 2 r)$.

Si l'on voulait construire l'équation par le moyen du cercle et de la parabole, on pourrait employer le cercle dont l'équation est : $y^2 + x^2 - 4ry + 2rx$ (Π-Σ)/(Π+Σ)

et la parabole dont l'équation est, $x^2 - ry = 0$; car en éliminant y entre ces équations, afin d'avoir les abscisses x qui répondent aux points d'intersection des deux courbes, on trouve :

$x^4 - 3r^2x^2 + r^2\, 2r\, x$ (Π-Σ)/(Π+Σ) = 0   et divisant par x,

$x^3 - 3r^2x + r^2\, 2r$ (Π-Σ)/(Π+Σ) = 0; ce qui est l'équation proposée.

Enfin, nous observerons que le problème dont il s'agit étant proposé pour l'ellipsoïde de révolution, conduit absolument à la même équation. Ainsi, en nommant a le demi-grand axe de l'ellipse, on a, pour déterminer l'apothème x de deux segments qui sont entre eux comme n et Σ, l'équation

$x^3 - 3a^2x + a^2\, 2a$ (Π-Σ)/(Π+Σ) = 0;

et comme le second axe b n'entre pas dans cette équation, on peut conclure qu'on aura toujours les mêmes solutions pour tous les ellipsoïdes de révolution de même axe a; et pour tous les hyperboloïdes conjugués, puisque l'équation de l'ellipse ne diffère de celle de l'hyperbole que par le signe du carré de ce second axe : et c'est ce qui confirme encore ce que nous avons déjà dit, que la question ne peut être proposée pour l'ellipsoïde, sans l'être en même temps pour l'hyperboloïde conjugué.

PROPOSITION VI.

(α) Puisque les segments EZH, ΘKΛ sont semblables, on aura ΣO : ΦO :: PΞ : YΞ, et par addition, ΣO + ΦO : Φ0 :: PΞ + YΞ : YΞ. Mais on a d'ailleurs,

ΣO + ΦO : ΦO :: ΩΦ : HΦ,

PΞ + YΞ : YΞ :: YY :: ΛY;

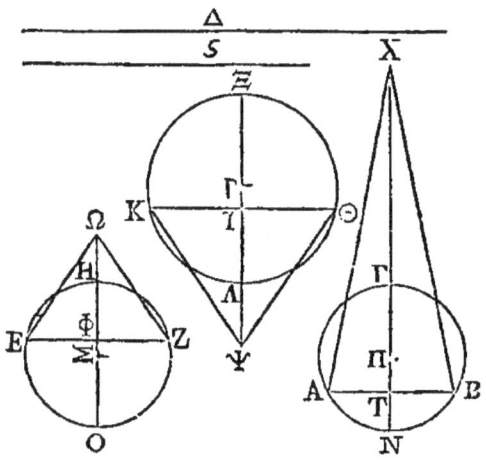

donc ΩΦ : HΦ :: YY : ΛY. Donc par permutation ΩΦ : YY :: HΦ : ΛY. Mais HΦ : ΛY :: EZ : KΘ, à cause que les segments sont semblables ; donc ΩΦ : YY :: EZ : KΘ. Donc les cônes EZΩ, YΘK sont semblables, puisque leurs hauteurs sont proportionnelles aux diamètres de leurs bases.

(β) C'est-à-dire, qu'elles forment une progression géométrique.

PROPOSITION IX.

(α) Une raison doublée d'une autre raison est cette seconde raison multipliée par elle-même, et une raison sesquialtère d'une autre raison est cette seconde raison multipliée par sa racine carrée.

(β) Car la proportion EΔ + ΔZ : ΔZ :: ΘZ : ZB donne par

soustraction la proportion suivante, EΔ : ΔZ :: BΘ : ZB, qui devient, en échangeant les extrêmes, BZ : ZΔ :: BΘ : EΔ = BE.

(γ) En effet, dans la proportion BZ : ZΔ :: ΘB : BE, la droite BZ étant plus grande que la droite ZΔ, il est évident que ΘB sera plus grand que BE.

(δ) Et par permutation, KZ : HZ :: ZB : ZΔ.

(ε) Car puisque BΘ > BK, il est évident que ΘB : BZ > BK : BZ. Donc, par addition, ΘZ : BZ > KZ : BZ, et par conversion, ΘZ : ΘB < KZ : BK. Donc, par permutation, ΘZ : KZ < ΘB : BK.

(z) La première surface étant égale.au carré de l'ordonnée AZ, et la seconde étant égale au carré du rayon, la première surface est plus petite que la seconde, parce que toute ordonnée qui ne passe pas par le centre est plus petite que le rayon.

(θ) Puisque BN² = ΘB x BK, on aura, ΘB : BN :: BN : BK. Donc ΘB : BK :: BN² : BK².

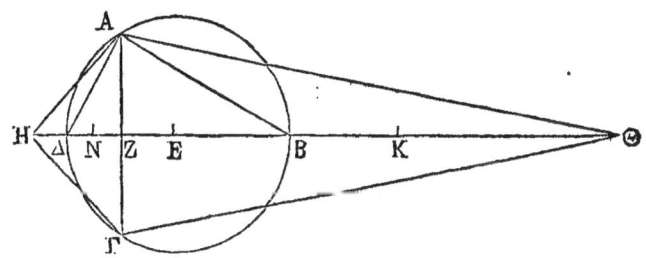

Mais ΘB : BN :: BN : BK; donc, par addition, ΘN : BN :: KN : BK. Donc ΘN² : BN² :: KN² : BK² ; et par permutation, ΘN² : KN² :: BN² : BK². Mais ΘB : BK :: BN² : BK² donc ΘB : BK :: ΘN² : KN².

(ι) Que les trois quantités a, b, c soient telles que $a^2 : b^2 > b : c$; je dis que $a : c > b^{3/2} : c^{3/2}$.

Prenons une moyenne proportionnelle d entre b et c, de manière qu'on ait $b : d :: d : c$; puisque $a^2 : b^2 > b : c$, et que $b : c :: b^2 : d^2$, nous aurons $a^2 : b^2 > b^2 : d^2$; ou bien $a : b > b : d$. Faisons en sorte que $c : d : b : e$ forment une progression géométrique, on aura $e : c :: b^3 : d^3$. Mais $b : d :: b^{1/2} : c^{1/2}$, parce que $b : c :: b^2 : d^2$; donc $b^3 : d^3 :: b^{3/2} : c^{3/2}$. Donc $e : c :: b^{3/2} : c^{3/2}$.

Mais $a > e$; car si a était égal à e, on aurait $a : b : d : c$, et par conséquent $a^2 : b^a :: b : c$, et si a était plus petit que e, on aurait $a^2 : b^2 < b : c$. Mais $a^2 : b^2 > b : c$; donc $a > e$. Donc $a : c > b^{2/3} : c^{2/3}$. Or, Archimède a démontré que $\Theta Z^2 : ZK^2 > ZK : ZH$; donc $\Theta Z : ZH > ZK^{3/2} : ZH^{3/2}$.

(λ) En effet, puisque le segment BAΔ : cône BAΔ :: HΘ : ΘΓ (2, 3); que le cône BAΔ : cône BΓΔ :: AΘ : ΘΓ, ces deux cônes ayant la même base, et que le cône BΓΔ : segment BΓΔ :: AΘ : ΘZ (2, 3).

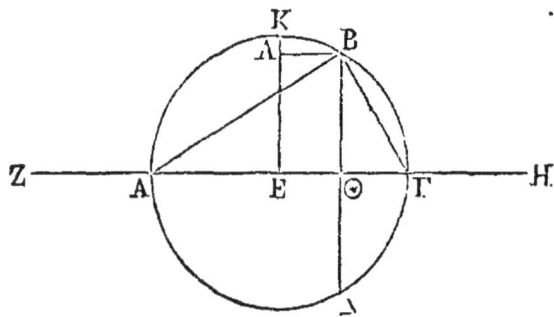

Multipliant ces trois proportions, terme par terme, on aura : segment BAΔ x cône BAΔ x cône BΓΔ : cône BAΔ X cône BΓΔ x segment BΓΔ :: HΘ x AΘ x AΘ : ΘΓ x ΘΓ x ΘZ ; ou bien,

segment BAΔ : segment BΓΔ :: segment BAΔ x cône BAΔ x cône BΓΔ : cône BAΔ x segment BΓΔ :: HΘ x AΘ x AΘ : ΘΓ x ΘΓ xΘZ.

(μ) Soient quatre droites a, c, d, b ; je dis que la raison composée de la raison de la surface comprise sous a, b, au carré construit sur c, et de la raison de b à d, est égale à la raison de la surface comprise sous a, b, multipliée par b, au carré de c, multiplié par d, ou ce qui est la même chose, je dis que la raison composée de la raison de ab à ac^2 et de la raison de b à d, est égale à la raison de ab multiplié par b, au carré de c multiplié par d; c'est-à-dire, que la raison composée de la raison ab à c^2 et de la raison de b à d, est égale à la raison de ab x b à $c^2 d$. Ce qui est évident.

(ν) Cette proposition peut se démontrer algébriquement avec la plus grande facilité.

Appelons r le rayon de la sphère, et x la droite EZ. La droite ΔZ sera égale à $r - x$; et le plus grand segment de la sphère, qui est ABΓ, sera égal à ΘZ x (Π x AZ²)/3 c'est-a-dire à

((Π x AZ)/3) x (2 r — x) (r + x)/(r — x)

et le plus petit segment, qui est AΔΓ, sera égal à HZ x (Π x AZ²)/3, c'est-à-dire à

((Π x AZ²)/3) x (2 r + x) (r — x)/x

Il faut démontrer d'abord que la raison de

$$\frac{\Pi \times AZ}{3} \frac{(2r-x)(r+x)}{r-x} \text{ à } \frac{\Pi \times AZ}{3} \frac{(2r+x)(r-x)}{x}.$$

est moindre que la raison doublée de la surface du plus grand segment à la surface du plus petit; c'est-à-dire que

$$\frac{(2r-x)(r+x)}{r-x} : \frac{(2r+x)(r-x)}{x} < (r+x)^2 : (r-x)^2.$$

Il faut démontrer ensuite que

$$\frac{(2r-x)(r+x)}{r-x} : \frac{(2r+x)(r-x)}{x} > (r+x)^{\frac{3}{2}} : (r-x)^{\frac{3}{2}}.$$

Ou ce qui est la même chose, il faut démontrer d'abord que (2 r — x) (r + x)

$$\frac{\frac{(2r-x)(r+x)}{r-x}}{\frac{(2r+x)(r-x)}{x}} < \frac{(r+x)^2}{(r-x)^2};$$

et il faut démontrer ensuite que

Commentaire sur le Second Livre

$$\cfrac{\cfrac{(2r-x)(r+x)}{r-x}}{\cfrac{(2r+x)(r-x)}{x}} > \cfrac{(r+x)^{\frac{3}{2}}}{(r-x)^{\frac{3}{2}}}.$$

Ce qui sera évident, quand on aura fait les opérations convenables.

PROPOSITION X.

(α) Si une droite est coupée en deux parties inégales en un point et encore en deux autres parties inégales dans un autre point, le rectangle compris sous les deux segments qui s'éloignent moins du milieu de cette droite, est plus grand que le rectangle compris sous les deux segments qui s'en éloignent davantage ; d'où il suit que si le plus petit côté de l'un de ces rectangles est plus grand que le plus petit de l'autre rectangle, le premier rectangle est plus grand que le second.

Cette proposition est démontrée généralement dans Euclide, mais ici c'est un cas particulier facile à démontrer.

En effet, le rectangle AP x PΓ est égal au carré de l'ordonnée qui passe par le point P, et le rectangle AK x KΓ est égal au carré de l'ordonnée KB. Mais l'ordonnée qui passe par le point P est plus grande que l'ordonnée KB, donc le rectangle AP x PΓ est plus grand que le rectangle AK x KΓ.

(β) Le carré de AP est égal à AK x ΓΞ ; car puisque AP = EΛ, et que EΛ² = EZ²/2, il est évident que AP² = AB²/2, puisque AB =EZ.

(γ) En effet, puisque AP x PΓ + AP² > AK x KΓ + AK x ΓΞ, on aura (PΓ + AP) AP < (KΓ + ΓΞ) AK, OU bien ΓA x AP > ΞK x KA.

www.ingramcontent.com/pod-product-compliance
Lightning Source LLC
Chambersburg PA
CBHW071209240526
45470CB00018B/1689